高等学校机电工程类"十三五"规划教材

互换性与技术测量

实验指导书(含实验报告)

主编　杨武成　孙俊茹
主审　杨好学

西安电子科技大学出版社

内 容 简 介

本书是与高等学校机电工程类"十二五"规划教材《互换性与技术测量》配套使用的实验指导书，同时本书还配有实验报告，可供应用型本科院校或高职高专院校选用。

本书分为七大部分，共计二十四个实验。第一部分为线性尺寸测量；第二部分为几何误差测量；第三部分为表面粗糙度检测；第四部分为角度锥度测量；第五部分为螺纹测量；第六部分为齿轮测量；第七部分为先进测量技术。各个实验在具体教学时，可根据学校的仪器情况和学时安排进行取舍。

本书既可供应用型本科院校或高职高专院校教师课堂教学配套使用，也可供学生独立完成开放实验内容时参考，还可供机械检验工等相关技术人员参考使用。

图书在版编目(CIP)数据

互换性与技术测量实验指导书：含实验报告/杨武成，孙俊茹主编．
—西安：西安电子科技大学出版社，2014.8(2017.1重印)
高等学校机电工程类"十三五"规划教材
ISBN 978 - 7 - 5606 - 3432 - 6

Ⅰ.① 互⋯　Ⅱ.① 杨⋯　② 孙⋯　Ⅲ.① 零部件—互换性—实验—高等学校—教学参考资料　② 零部件—技术测量—实验—高等学校—教学参考资料
Ⅳ.① TG801.33

中国版本图书馆 CIP 数据核字(2014)第 178947 号

策　　划	毛红兵
责任编辑	马武装　毛红兵
出版发行	西安电子科技大学出版社(西安市太白南路 2 号)
电　　话	(029)88242885　88201467　　邮　编　710071
网　　址	www.xduph.com　　　电子邮箱　xdupfxb001@163.com
经　　销	新华书店
印刷单位	陕西天意印务有限责任公司
版　　次	2014 年 8 月第 1 版　2017 年 1 月第 2 次印刷
开　　本	787 毫米×1092 毫米　1/16　印张 6.75
字　　数	149 千字
印　　数	3001～6000 册
定　　价	12.00 元

ISBN 978 - 7 - 5606 - 3432 - 6/TG

XDUP 3724001 - 2

＊＊＊ 如有印装问题可调换 ＊＊＊

前　言

"互换性与技术测量"课程是应用型本科院校或高职高专院校机械类、仪器仪表类和机电类各专业的一门重要技术基础课,实验教学作为"互换性与技术测量"课程教学的重要组成部分,对学生巩固课堂知识和培养基本技能起着重要作用。同时,实验实训教学作为应用型本科及高职高专教育的重要环节,一直受到各相关院校领导、教师及学生的普遍重视。

本书主要分为七大部分,共计二十四个实验。第一部分为线性尺寸测量;第二部分为几何误差测量;第三部分为表面粗糙度检测;第四部分为角度锥度测量;第五部分为螺纹测量;第六部分为齿轮测量;第七部分为先进测量技术。各校可根据具体的实验设施条件、各专业具体的教学要求以及学时分配情况,对书中所列实验项目进行取舍。另外,本书还配有实验报告,以配合学生完成实验。

为方便教与学,实验指导书与实验报告在编排时采取分开编写、分开装订的方式。

本书由西安航空学院机械学院杨武成副教授、孙俊茹高级工程师编写,杨武成统稿,西安航空学院机械学院杨好学副教授主审。具体编写分工为实验指导书模块(第一部分~第七部分)由杨武成副教授编写,附录、实验报告模块由孙俊茹高级工程师编写。

在本书编写过程中,得到了西安航空学院机械学院院长宋文学教授等领导以及西安电子科技大学出版社的大力支持和帮助。本书也参考了部分同类实验指导书,引用了部分标准和技术文献资料,在此对相关单位、专家和老师一并表示衷心的感谢。

由于编者水平有限,加之时间仓促,书中难免有不足之处,敬请广大读者批评指正。

编　者
2014 年 7 月

目　　录

第一部分　线性尺寸测量

实验一　常用量具测量长度

一、实验目的

(1) 了解常用量具的类型、结构。

(2) 掌握游标量具、螺旋测微量具、量块等的使用方法。

二、实验内容

(1) 熟悉游标量具的结构，学会使用游标量具。

(2) 熟悉螺旋测微量具的结构，学会使用螺旋测微量具。

(3) 熟悉量块的结构、特性、精度等级等，学会按尺寸组合量块组的方法。

三、游标量具

1. 游标量具的结构形式

游标量具是应用游标原理制成的量具。常用游标量具有游标卡尺、深度游标卡尺及高度游标卡尺等，分别见图 1-1(a)、(b)、(c)。它们主要用于测量各种线性尺寸。

图 1-1(a)所示为三用游标卡尺，它是实际生产应用中最普遍、最常用的一种游标量具。其主体是刻有刻度的主尺 4，沿主尺滑动的是装有游标 7 的尺框 3，测深杆 5 固定在尺框的背面，能随尺框在主尺的导向凹槽中移动。上量爪 6 可测内尺寸，下量爪 1 可测外尺寸，测深杆 5 可测深度尺寸。

2. 游标卡尺的读数原理和读数方法

游标卡尺的读数原理见图 1-2。主尺的刻度间距为 $a=1$ mm，游标刻度间距为 $b=0.9$ mm，二者之差即为游标卡尺的分度值 $I=a-b=0.1$ mm。测量前，当两测量爪合并时，游标的零线与主尺零线对齐，主尺上 9 mm 刚好等于游标上的 10 格(见图 1-2(a))。当游标向右移 0.1 mm 时，游标的第一条刻线与主尺对齐；向右移 0.3 mm 时，游标的第三条刻线与主尺对齐；依次类推，当游标的第五条刻线与主尺对齐时，读数值为 0.5 mm(见图 1-2(b))。当移动 n 毫米时，首先根据游标零线所处的位置在左边读出主尺整数毫米数，其次判断游标哪一条刻线(也只有一条刻线)与主尺对齐，由游标刻线的序号乘以游标分度值，即得小数部分的读数值，二者相加即得测量结果，见图 1-2(c)，其测量结果为 3.2 mm。

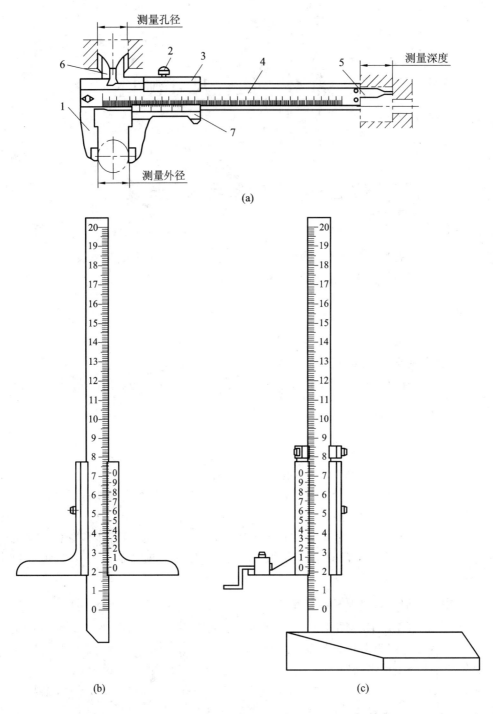

1—下量爪；2—锁紧螺钉；3—尺框；4—主尺；5—测深杆；6—上量爪；7—游标

图 1-1　游标量具

（a）三用游标卡尺；（b）深度游标卡尺；（c）高度游标卡尺

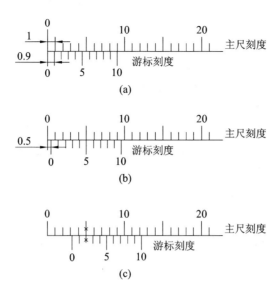

图 1-2　游标卡尺的读数原理

(a) 0 mm；(b) 0.5 mm；(c) 3.2 mm

归纳起来，在游标卡尺上读数时可分三个步骤：

(1) 读出游标零线在主尺多少毫米后面，即读出主尺上尺寸的整数是多少毫米；

(2) 找出游标上哪一条刻线与主尺刻线对齐，即找出游标上的尺寸(小数部分的数值)；

(3) 把主尺和游标上的尺寸加起来。

3. 游标卡尺的测量范围

游标卡尺结构简单，测量范围大。根据被测零件的尺寸不同，可以选用不同测量范围的游标卡尺。除前面所介绍的分度值为 0.1 mm 的游标卡尺外，常见的还有分度值为 0.05 mm、0.02 mm 的两种。不管什么形式的量具或量仪，无论其精度多高，它们本身总会有制造误差。因此，在测量零件时，量具或量仪上所指示的数值与被测尺寸的真值总会产生一个差值，这个差值即为该量具或量仪的示值误差，它随游标分度值和测量范围而变化，见表1-1。一般在量具应用过程中，不考虑量具本身的制造误差。

表 1-1　游标卡尺的示值误差　　　　mm

尺寸测量范围	分 度 值		
	0.02	0.05	0.1
	示 值 误 差		
0～300	±0.02	±0.05	±0.1
0～500	±0.04	±0.05	±0.1
0～700	±0.05	±0.075	±0.1
0～900	±0.06	±0.10	±0.15
0～1000	±0.07	±0.125	±0.15

4．游标卡尺的使用方法

使用游标卡尺测量零件尺寸时，必须注意下列几点：

（1）测量前应把游标卡尺擦拭干净，量爪贴合后游标和主尺零线应对齐。

（2）测量时，所用的压力应使两个量爪刚好接触零件表面为宜。

（3）测量时，防止卡尺歪斜。

（4）在游标上读数时，避免视线误差。

其他各类游标量具的结构形式虽不相同，但它们的读数原理是相同的。

5．其他常用游标卡尺简介

1）带表游标卡尺

为了读数方便，有的游标卡尺上装有测微表头。如图1-3所示的带表游标卡尺，它通过机械传动装置，将两测量爪的相对移动转变为指示表的回转运动，并借助尺身刻度和指示表，对两测量爪相对移动所分隔的距离进行读数。

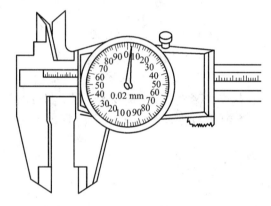

图1-3　带表游标卡尺

2）电子数显卡尺

图1-4所示为电子数显卡尺，它具有非接触性电容式测量系统，测量结果由液晶显示器显示。使用电子数显卡尺测量较为方便可靠。

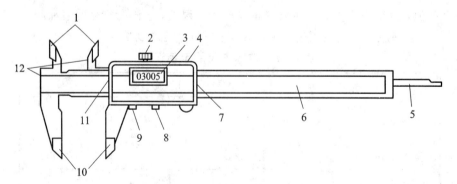

1—上量爪；2—锁紧螺钉；3—液晶显示器；4—数据输出端口；5—测深杆；6—尺身；

7、11—防尘板；8—置零按钮；9—公制/英制转换按钮；10—下量爪；12—台阶测量面

图1-4　电子数显卡尺

四、螺旋测微量具

利用螺旋读数原理制成的常用量具有百分尺和千分尺，主要用于测量零件的外径、内径、深度、厚度等。百分尺的分度值为 0.1 mm；千分尺的分度值为 0.01 mm 或 0.02 mm。以千分尺为例，常用的千分尺有外径千分尺、深度千分尺、内径千分尺等，其中外径千分尺在生产中应用较广泛。

1. 几种常用千分尺的结构

1) 外径千分尺

图 1-5 所示是分度值为 0.01 mm，测量范围为 0～25 mm 的外径千分尺结构图。外径千分尺由尺架、测微头、测力装置、锁紧装置和制动器等组成。

尺架 1 的一端装有固定测砧，另一端则装有测微头。尺架的两侧面上覆盖着绝缘板 12，防止使用时手的温度影响千分尺的测量精度。

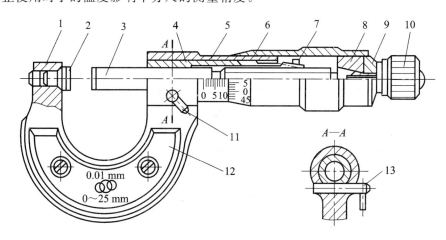

1—尺架；2—固定测砧；3—测微螺杆；4—螺纹轴套；5—固定套筒；6—微分筒；7—调节螺母；
8—接头；9—垫圈；10—测力装置；11—锁紧手把；12—绝缘板；13—锁紧轴

图 1-5　外径千分尺结构图

测微头由下述零件组装而成：螺纹轴套 4 压入尺架 1 中；固定套筒 5 用螺钉紧固在螺纹轴套的上面；测微螺杆 3 的螺距为 0.5 mm，精度很高，与外螺纹、螺纹轴套 4 右端的内螺纹紧密配合，其配合间隙可用调节螺母 7 调整，使测微螺杆 3 可在螺纹轴套 4 的螺孔中自如地旋转而间隙极小；测微螺杆 3 右端的外圆锥与接头 8 的内圆锥配合，接头上开有轴向槽，能沿着测微螺杆 3 的外圆锥胀大，使微分筒 6 与测微螺杆 3 结合成一体。

测力装置(见图 1-6)主要靠一对棘轮 3 和 4 作用，棘轮 4 和转帽 5 连成一体，棘轮 3 可压缩弹簧 2 沿轴向移动，但不能转动，弹簧的弹力用于控制测量压力。测量时，旋转转帽 5，当棘轮 4 对棘轮 3 所产生的测量压力小于弹簧 2 的弹力时，转帽的运动就通过棘轮 4、3 传给螺钉 1，带动测微螺杆转动；当测量压力超过弹簧 2 的弹力时，棘轮 3 便压缩弹簧而在棘轮 4 上打滑，测微螺杆停止前进。

锁紧装置是用来锁紧测微螺杆的。在锁紧轴 13(见图 1-5 中 A—A 剖面)的圆周上有一缺口槽，转动锁紧手把 11，便可锁紧或松开测微螺杆 3。

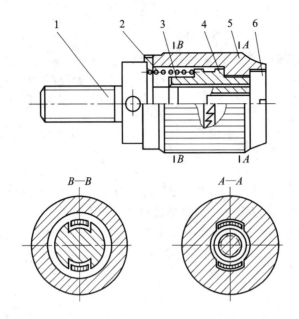

1—螺钉；2—弹簧；3、4—棘轮；5—转帽；6—微分筒

图 1-6　外径千分尺的测力装置

2）深度千分尺

深度千分尺由测量杆、基座、测力装置等组成，在机械制造业中用于测量工件的孔、槽的深度和台阶高度等。深度千分尺的外形结构如图 1-7 所示，其分度值为 0.01 mm，测量范围有 0～25 mm、0～100 mm、0～150 mm 等。

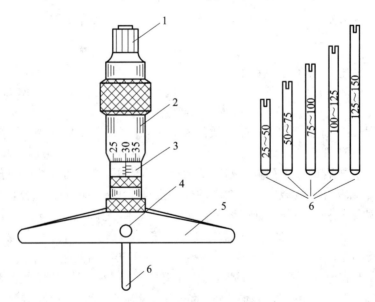

1—测力装置；2—微分筒；3—固定套管；4—锁紧装置；5—基座；6—测量杆

图 1-7　深度千分尺

3）内径千分尺

内径千分尺主要用于测量工件内径，也可用于测量槽宽和两个表面之间的距离。测量

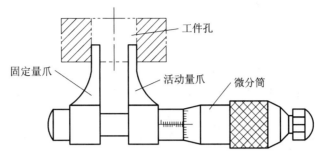

图 1-8 测量范围较小的内径千分尺

范围较小的内径千分尺结构形式如图 1-8 所示。测量范围较大的内径千分尺（见图 1-9）一般有单杆型（管状）、管接式和换管型等。单杆型是不可接拆的，测量范围为 50～300 mm；管接式是可接拆的，测量范围为 50～1500 mm；换管型也可接拆，测量范围为 100～5000 mm。

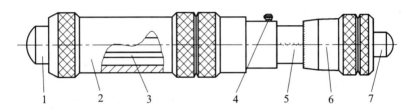

1—测量头；2—接长杆；3—心杆；4—锁紧装置；5—固定套管；6—微分筒；7—测微头

图 1-9 测量范围较大的内径千分尺

2. 千分尺的读数原理和读数方法

千分尺应用螺旋副的传动原理，将角位移转变为直线位移。当测微螺杆的螺距为 0.5 mm 时，固定套筒上的刻度间隔也是 0.5 mm，微分筒的圆锥面刻有 50 等分的圆周刻线，将微分筒旋转一圈，测微螺杆轴向位移 0.5 mm；当微分筒转过一格时，测微螺杆轴向位移为 $0.5 \times \dfrac{1}{50} = 0.01$ mm。这样，可由微分筒上的刻度精确地读出测微螺杆轴向位移的小数部分。因此，千分尺的分度值为 0.01 mm。

千分尺的读数方法是：在千分尺的固定套筒上刻有轴向中线，作为微分筒读数的基准线；为了计算测量杆旋转的整数转，在固定套筒中线的两侧刻有两排刻线，刻线间隔均为 1 mm，上下两排相互错开 0.5 mm，如图 1-10 所示；下面一排刻线上标有数字号码，其刻度值为 1 mm，上面一排为 0.5 mm，依此来读出千分尺测量杆的整转数值。

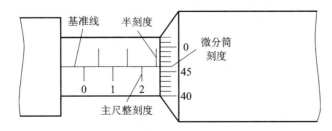

图 1-10 千分尺读数示例 1

测量读数＝主尺读数＋微分筒读数

主尺读数＝主尺整刻度＋半刻度

微分筒读数＝可动刻度（＋估读位）

（1）主尺整刻度：微分筒左边，最靠近微分筒主尺的格数。

（2）半刻度：在主尺最靠近微分筒的整刻线与微分筒之间，如果出现半刻度，就加 0.5 mm；如果不出现半刻度，就不加 0.5 mm。

（3）微分筒读数：微分筒对准基准线的格数乘以 0.01（微分筒的格数由下向上数）。因为不一定是刚好对齐，所以有时要估读一位。

读数示例 1：在图 1-10 中，微分筒左边，最靠近微分筒主尺的格数是 2，即主尺整刻度是 2 mm；在主尺最靠近微分筒的整刻线 2 与微分筒之间出现了半刻度，就加 0.5 mm；微分筒对准基准线的格数是 46，另外要注意指针读数有估读，所以格数应为 46.0 格，46.0×0.01＝0.460，即微分筒读数是 0.460 mm。

那么，图 1-10 中的读数就是 2＋0.5＋0.460 ＝2.960 mm。

读数示例 2：如图 1-11 所示。

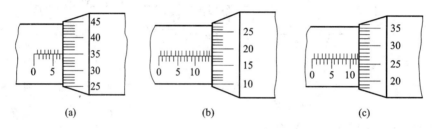

（a）　　　　　　　　（b）　　　　　　　　（c）

图 1-11　千分尺读数示例 2

(a) 7.350 mm；(b) 14.680 mm；(c) 12.765 mm

注意：在千分尺上读数时，先读整数尺寸，再加小数尺寸，注意提防读错半刻度 0.5 mm。图 1-11(a)所示为 7.350 mm，图 1-11(b)所示为 14.680 mm，图 1-11(c)所示为 12.765 mm，小数点后第三位均为估读位。

3. 千分尺的测量范围和测量精度

根据被测零件尺寸的大小，选用不同测量范围的千分尺。千分尺的测量范围有 0～25 mm、25～50 mm、50～75 mm、75～100 mm、100～125 mm、125～150 mm 等以至几米以上，但测微螺杆的测量位移一般均为 25 mm。

千分尺是一种应用很广的精密量具，按它的制造精度可分为 0 级和 1 级两种，0 级精度最高，1 级次之。千分尺的制造精度主要由它的示值误差和测量面的平行度误差的大小来决定。小尺寸千分尺的精度要求见表 1-2。

表 1-2　小尺寸千分尺的精度要求　　　　　　　　　　　mm

测量上限	示值误差		两测量面平行度误差	
	0 级	1 级	0 级	1 级
20	±0.002	±0.004	±0.001	±0.002
50	±0.002	±0.004	±0.0012	±0.0025
100	±0.002	±0.004	±0.0015	±0.003

4. 千分尺测量工件的步骤

（1）清洁。擦净工件的测量面和千分尺两测量面，不要划伤千分尺测量面。

（2）选择合适的千分尺。根据被测尺寸的大小，选用合适规格的千分尺。

（3）夹牢或放稳工件。

（4）对零。使用千分尺时，如果微分筒的零线与固定套筒的中线没有对准，在测量时就会产生误差，因此，必须在测量前加以调整、校正。校正时，将千分尺的两个测量面擦干净，若千分尺的测量范围是 0～25 mm，应使两测量面贴合；若是测量上限大于等于 50 mm 的千分尺，应使用量具盒内的校对量杆，使两测量面贴合，放正千分尺。看千分尺微分筒上的零线是否与固定套筒的中线对齐，同时，固定套筒上的零线也刚刚露出来，如果两者的位置都是正确的，则千分尺的零位就是对的。如果微分筒的零线与固定套筒的中线没有对准，可记下差数，以便在测量结果中除去。

（5）测量。调整千分尺两测量面的距离大于被测尺寸。左手握千分尺的标牌处，右手旋转微分筒，千分尺两测量面将要接触工件时转动棘轮，到棘轮发出声音为止，读出千分尺的读数。多测几次，取它们的平均数作为测量的最后值。

注意：两手要端平千分尺，眼睛正对千分尺读数。

5. 常用千分尺的使用方法

千分尺用来测量外尺寸时，其常用使用方法如图 1-12 所示。

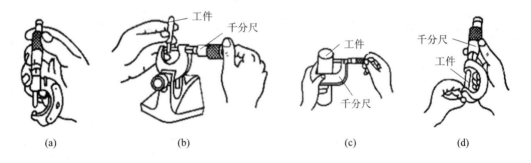

图 1-12　用千分尺测量外尺寸

（a）单手测量；（b）用千分尺固定架测量工件；（c）测量较大直径工件；（d）测量小直径工件

6. 使用千分尺的注意事项

（1）严格按千分尺测量步骤操作。

（2）不允许用千分尺来测量运动的工件和粗糙的工件。

（3）最好不取下千分尺直接读数，如果非要取下，应先锁紧千分尺，并顺着工件将其滑出。

（4）轻拿轻放，防止千分尺掉落摔坏。

（5）用毕放回盒中，两测量面不要接触。若长期不用，要涂油防锈。

五、量块

1. 量块的结构尺寸

量块也常称为块规，它是保持度量统一的工具，在工厂中常作为长度基准。

　　量块通常做成矩形截面的长方块，具有两个经过精密加工的光滑程度很高的平行平面，作为它的测量平面（即工作平面）（见图 1 - 13）。其辨别方法如下：

　　当尺寸小于等于 5.5 mm 时，标有尺寸数字的面就是测量面；当尺寸大于等于 6 mm 时，尺寸数字标在非测量面上。

　　在每一块量块上都标有一个尺寸数字，它就是这块量块的工作尺寸。量块分上、下两测量面，两测量平面之间的距离为工作尺寸 L。

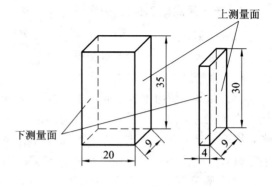

图 1 - 13　量块

2. 量块的研合性（黏合性）

　　量块的测量平面十分光洁和平整，当用力推合两块量块使它们的测量平面互相紧密接触时，两块量块便能黏合在一起，量块的这种特性称为研合性。利用量块的研合性，就可以把各种尺寸不同的量块组合成量块组。

3. 量块的成套

　　为了组成各种尺寸，量块是成套制造的。一套量块包括一定数量且尺寸不同的量块，装在一特制的木盒内，以方便使用和保管。常用成套量块的尺寸见表 1 - 3。

表 1 - 3　成套量块尺寸表（摘自 GB 6093—85）

套别	总块数	尺寸精度	尺寸系列/mm	间隔/mm	块数
1	91	00, 0, 1	0.5		1
			1		1
			1.001, 1.002, …, 1.009	0.001	9
			1.01, 1.02, …, 1.49	0.01	49
			1.5, 1.6, …, 1.9	0.1	5
			2.0, 2.5, …, 9.5	0.5	16
			10, 20, …, 100	10	10
2	83	00, 0, 1, 2, (3)	0.5		1
			1		1
			1.005		1
			1.01, 1.02, …, 1.49	0.01	49
			1.5, 1.6, …, 1.9	0.1	5
			2.0, 2.5, …, 9.5	0.5	16
			10, 20, …, 100	10	10
3	46	0, 1, 2	1		1
			1.001, 1.002, …, 1.009	0.001	9
			1.01, 1.02, …, 1.09	0.01	9
			1.1, 1.2, …, 1.9	0.1	9
			2, 3, …, 9	1	8
			10, 20, …, 100	10	10

套别	总块数	尺寸精度	尺寸系列/mm	间隔/mm	块数
4	38	0，1，2，(3)	1		1
			1.005		1
			1.01，1.02，…，1.09	0.01	9
			1.1，1.2，…，1.9	0.1	9
			2，3，…，9	1	8
			10，20，…，100	10	10

4. 量块的中心长度

量块的中心长度是指量块的一个测量平面的中心到与量块的另一个测量平面相研合的平晶表面间的垂直距离(见图 1-14)。

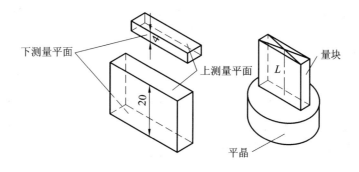

图 1-14　量块的中心长度

5. 量块的精度等级

(1) 量块的尺寸精度分为 00、0、1、2、(3)五级。其中 00 级最高，精度依次降低，(3)级最低，一般根据定货供应。各级量块精度指标见表 1-4。

表 1-4　各级量块的尺寸精度指标(摘自 GB 6093—85)　　　　　　　μm

标称长度 /mm	00 级		0 级		1 级		2 级		(3)级		标准级 K	
	①	②	①	②	①	②	①	②	①	②	①	②
0～10	0.06	0.05	0.12	0.10	0.20	0.16	0.45	0.30	1.0	0.50	0.20	0.05
>10～25	0.07	0.05	0.14	0.10	0.30	0.16	0.60	0.30	1.2	0.50	0.30	0.05
>25～50	0.10	0.06	0.20	0.10	0.40	0.18	0.80	0.30	1.6	0.55	0.40	0.06
>50～75	0.12	0.06	0.25	0.12	0.50	0.08	1.00	0.35	2.0	0.55	0.50	0.06
>75～100	0.14	0.07	0.30	0.12	0.60	0.20	1.20	0.35	2.5	0.60	0.60	0.07
>100～150	0.20	0.08	0.40	0.14	0.80	0.20	1.60	0.40	3.0	0.65	0.80	0.08

注：① 表示量块长度的极限偏差(±)；

② 表示长度变动量允许值。

(2) 量块按给定精度可分为 1、2、3、4、5、6 六等，其中 1 等最高，精度依次降低，6等最低。各等量块的给定精度指标见表 1-5。

表 1-5　各等量块的给定精度指标(摘自 JJG 100—81)　　　μm

标称长度/mm	1 等		2 等		3 等		4 等		5 等		6 等	
	①	②	①	②	①	②	①	②	①	②	①	②
0~10	0.05	0.10	0.07	0.10	0.10	0.20	0.20	0.20	0.5	0.4	1.0	0.4
>10~18	0.06	0.10	0.08	0.10	0.15	0.20	0.25	0.20	0.6	0.4	1.0	0.4
>18~35	0.06	0.10	0.09	0.10	0.15	0.20	0.30	0.20	0.6	0.4	1.0	0.4
>30~50	0.07	0.12	0.10	0.12	0.20	0.25	0.35	0.25	0.7	0.5	1.5	0.5
>50~80	0.08	0.12	0.12	0.12	0.25	0.25	0.45	0.25	0.8	0.6	1.5	0.5

注：① 表示中心长度测量的极限偏差(±)；

② 表示平面平行线允许偏差。

量块按"级"使用时，所根据的是刻在量块上的标称尺寸，其制造误差忽略不计；按"等"使用时，所根据的是量块的实际尺寸，而忽略的只是检定量块实际尺寸时的测量误差，但可用较低精度的量块进行比较精密的测量。因此，按"等"测量比按"级"测量的精度高。

6. 选择使用量块的方法

1) 量块尺寸的组合

根据所需要的尺寸，可以从成套的各种不同尺寸的量块中选取几块适当的量块来进行组合。组合量块时，应从所给尺寸的最后一位数字开始考虑，每选一块应使尺寸的位数少一位，并使量块的块数尽可能最少，通常总块数不超过 4、5 块，且要正确研合，以减少量块组合的累积误差。例如：要组成 38.935 mm 的尺寸，若采用 83 块一套的量块，其方法如表 1-6 所示。

表 1-6　选择使用量块的方法示例

38.935	待 组 合 尺 寸
−1.005	选取第一块量块尺寸为 1.005 mm
37.93	
−1.43	选取第二块量块尺寸为 1.43 mm
36.5	
−6.5	选取第三块量块尺寸为 6.5 mm
30	
−30	选取第四块量块尺寸为 30 mm
0	全组尺寸 38.935 mm

2) 量块的研合

研合量块的方法：将两块量块呈 30°交叉贴合在一起，用手前后轻微地错动上面一块，同时旋转，使两工作面转动为相互平行的方向，然后沿工作面长边方向平行向前推进量块，直到两工作面全部贴合在一起。

研合前必须将量块工作面洗净，用洁布擦干。研合时如出现不易研合或打滑、阻滞等情况，应立即停止研合，检查量块工作面是否有毛刺、碰伤和污物等。

尺寸小于 5 mm 的量块与大尺寸量块组合时，应将小尺寸量块往大尺寸量块上研合。研合量块的顺序是：先将小尺寸量块研合，再将研合好的量块与中等尺寸量块研合，最后与大尺寸量块研合。

7. 量块使用注意事项

（1）使用量块时，应使量块与工件的温度一致，因为量块受热或遇冷时，整个体积会增大或缩小，引起尺寸的变化。因此，被测量工件应与量块同放一处。

（2）检定和使用量块时，不要用手直接与量块接触，最好用竹镊子夹持。不要对着量块讲话，以防唾液喷在量块上使量块生锈。

（3）使用量块的场所应清洁，以防灰尘落在量块表面，导致量块研合时划伤工作面。

（4）用量块接触仪器工作台、平板、平晶等表面时，先用天然油石打磨，以免锈迹、碰伤、毛刺等缺陷划伤量块工作面。

（5）当量块测量面产生锈迹、划痕或碰伤时，切勿用砂纸打磨，以防止量块局部低陷，无法修复。

（6）使用后应立即将量块用汽油清洗干净，擦干后涂上防锈油并放回盒内。

实验二　杠杆齿轮式机械比较仪测量长度

一、实验目的

（1）了解杠杆齿轮式机械比较仪的工作原理及应用场合。

（2）掌握用杠杆齿轮式机械比较仪测量平面工件的方法。

二、实验内容

（1）用杠杆齿轮式机械比较仪及量块测量零件的尺寸偏差，确定被测零件的实际尺寸变动范围。

（2）对同一零件进行多次测量，计算测量结果，判断零件是否合格，并将结果填写在实验报告中。

三、实验设备及其原理

杠杆齿轮式机械比较仪是一种利用不等臂杠杆齿轮传动，将测量杆的微小直线位移放大后变为角位移（即指针偏转）的量仪，如图 2-1 所示。测量时，测量杆随测量头 1 上下移动使杠杆 R_3 发生摆动，其上的扇形齿轮 2 带动小齿轮 3 转动，从而使小齿轮 3 上的指针偏转，指示出被测量值 Δx。

一般把比较仪安装在稳固的支架上（如图 2-2 所示），用量块校零。校零时可用相对量法精密测量外尺寸。

杠杆齿轮式机械比较仪的分度值为 0.001 mm。刻度的示值范围为 ±0.1 mm，示值误差为 ±0.5 μm，其放大倍数为 1000 倍。

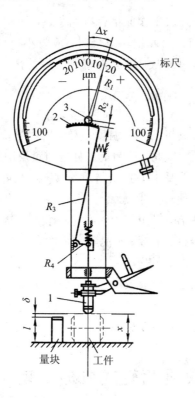

1—测量头；2—扇形齿轮；3—小齿轮

图 2-1　杠杆齿轮式机械比较仪

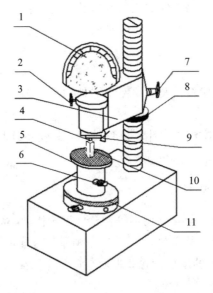

1—指示表；2—固紧螺钉；3—支臂；4—测量头（测帽）；5—工作台；6—工作台固紧螺钉；
7—支臂固紧螺钉；8—支臂升降旋转螺帽；9—抬头杠杆；10—被测工件；11—工作台升降螺帽

图 2-2　用杠杆齿轮式机械比较仪测量工件

四、实验步骤

（1）擦洗工作台、测量头及工件表面。

（2）按被测工件的基本尺寸组合量块组。

（3）将组合好的量块放在工作台 5 上，并使其测量面中部对准比较仪的测量头 4。

（4）粗调节。放松支臂固紧螺钉 7，转动支臂升降旋转螺帽 8，使支臂下降，目测测量头 4 与量块的测量面即将接触或轻微接触时，锁紧支臂固紧螺钉 7。

（5）细调节。放松工作台固紧螺钉 6，转动工作台升降螺帽 11，使工作台 5 自下而上移动，使得量块与测量头 4 接触，直到指针向右摆动到标尺的零刻线为止。然后拧紧工作台固紧螺钉 6，并把抬头杠杆 9 按几次，观察其接触的稳定性（以指针对零刻线的偏摆不超过半格刻度为限），若不符合，则重新调整。

（6）用手按抬头杠杆 9，取下量块，然后把被测工件 10 放置到工作台 5 的中央，进行测量、读数，并将结果填入实验报告中。

（7）整理实验器具，归整工件，完成实验报告。

实验三　　立式光学比较仪测量线性尺寸

线性尺寸可用相对测量法（比较测量法）进行测量，常用的量仪有机械、光学、电感和气动比较仪等几种。测量时，首先根据被测尺寸的基本值 L 组成量块组，然后用该量块组调整量仪示值零位。若实际被测尺寸相对于量块组尺寸存在偏差，可从量仪的标尺上读取该偏差的数值 Δx，则实际被测尺寸为 $x = L + \Delta x$。

一、实验目的

（1）掌握用相对测量法测量线性尺寸的原理。

（2）了解光学比较仪的结构并熟悉它们的使用方法。

（3）熟悉量块的使用与维护方法。

二、实验设备

立式光学比较仪也称立式光学计，是一种精度较高且结构简单的光学仪器，适用于外尺寸的精密测量。图 3-1 为立式光学比较仪的外形图，立式光学比较仪主要由底座 1、立柱 7、横臂 5、直角形光管 12 和工作台 15 等几部分组成。

直角形光管是量仪的主要部件，它由自准直望远镜系统和正切杠杆机构组合而成，其光学系统如图 3-2（a）所示。光线经反射镜 1、棱镜 9 投射到分划板 6 上的刻线尺 8（它位于分划板左半部分），而分划板 6 位于物镜 3 的焦平面上。当刻线尺 8 被照亮后，从刻线尺发出的光束经直角转向棱镜 2、物镜 3 后形成平行光束，投射到平面反射镜 4 上。光束从反射镜 4 上反射回来后，在分划板 6 右半部分形成刻线尺 8 的影像，如图 3-2（b）所示。从目镜 7 可以观察到该影像和一条固定指示线。刻线尺中部有一条零刻线，它的上下两侧各有 100 条均布的刻线，它们之间构成 200 格刻度间距。零刻线与固定指示线处于同一高度位置上（即物镜焦点 C 的位置，见图 3-3）。

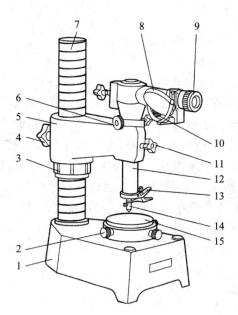

1—底座；2—工作台调整螺钉(共四个)；3—横臂升降螺母；4—横臂固定螺钉；5—横臂；
6—细调螺旋；7—立柱；8—进光反射镜；9—目镜；10—微调螺旋；11—光管固定螺钉；
12—直角形光管；13—测杆提升器；14—测杆及测量头；15—工作台

图 3-1　立式光学比较仪的外形

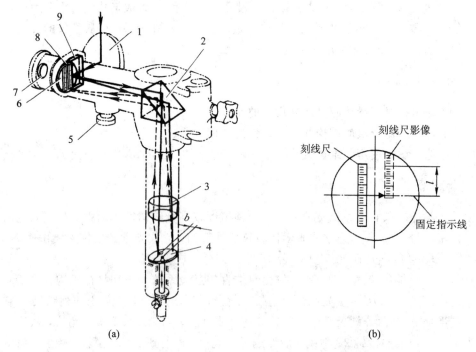

(a)　　　　　　　　　　　　　　　　　　　　(b)

1—反射镜；2—直角转向棱镜；3—物镜；4—平面反射镜；5—微调螺旋；
6—分划板；7—目镜；8—刻线尺；9—棱镜

图 3-2　光学比较仪的光学系统图

(a)光学系统；(b)分划板

三、实验方法

光学比较仪的测量原理（即自准直原理）如图 3-3 所示（图中没有画出图 3-2(a) 中的直角转向棱镜）。从物镜焦点 C 发出的光线，经物镜后变成一束平行光，投射到平面反射镜 P 上。若平面反射镜 P 垂直于物镜主光轴，则从反射镜 P 反射回来的光束由原光路回到焦点 C，像点 C' 与焦点 C 重合（即刻线尺上零刻线的影像与固定指示线重合，量仪示值为零）。如果被测尺寸变动，它使测杆产生微小的直线位移 s，推动反射镜 P 绕支点 O 转动一个角度 α，则反射镜 P 与物镜主光轴不垂直。反射光束与入射光束间的夹角为 2α，经物镜光束汇聚于像点 C''，从而使刻线尺影像产生位移 l。根据刻线尺影像相对于固定指示线的位移的大小即可判断被测尺寸的变动量。C'' 点与 C 点距离 l 的计算公式为

$$l = f \tan 2\alpha$$

式中，f 为物镜的焦距；α 为反射镜偏转角度。

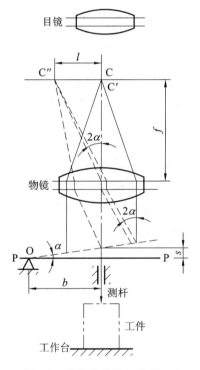

图 3-3 光学比较仪测量原理图

测杆位移 s 与反射镜偏转角度 α 的关系为

$$s = b \tan \alpha$$

式中，b 为测杆到支点 O 的距离。

这样，刻线尺影像位移 l 对测杆位移 s 的比值即为光管的放大倍数 n，计算公式为

$$n = \frac{l}{s} = \frac{f \tan 2\alpha}{b \tan \alpha}$$

由于 α 角很小，故取 $\tan 2\alpha \approx 2\alpha$，$\tan \alpha \approx \alpha$，则 $n = \dfrac{2f}{b}$。

光管中物镜的焦距 $f = 200$ mm，测杆到平面反射镜支点的距离 $b = 5$ mm，于是

$$n = \frac{2 \times 200}{5} = 80$$

目镜的放大倍数为12，量仪的放大倍数 $K = 12n = 12 \times 80 = 960$。光管中分划板上刻线尺的刻度间距 c 为 0.08 mm，人眼从目镜中看到的刻线尺影像的刻度间距 $a = 12c = 12 \times 0.08 = 0.96$ mm，因此量仪的分度值为

$$i = \frac{a}{K} = \frac{12 \times 0.08}{12 \times 80} = 0.001 \text{ mm} = 1 \text{ } \mu\text{m}$$

量仪的示值范围为 $\pm 100 \text{ } \mu\text{m}$，测量范围为 $0 \sim 180$ mm。

四、实验步骤(参看图 3-1)

(1) 选择测量头。测量头的形状有球形、刀刃形及平面形等。所选择测量头的形状与被测表面的几何形状有关。根据测量头与被测表面的接触应为点接触的准则，选择测量头并把它安装在测杆上。

(2) 根据被测零件的基本尺寸或某一极限尺寸选取适当的几块量块，并把它们研合成量块组。

(3) 通过变压器接通电源。拧动四个调整螺钉2，调整工作台15的位置，使它与测杆14的移动方向垂直(通常，实验室已调整好此位置，切勿再拧动任何一个调整螺钉2)。

(4) 将量块组放在工作台15的中央，并使测量头14对准量块的上测量面的中心点，按下列步骤进行量仪示值零位调整。

① 粗调整：松开固定螺钉4，转动升降螺母3，使横臂5缓缓下降，直到测量头与量块测量面接触，且从目镜9的视场中看到刻线尺影像为止，然后拧紧固定螺钉4。

② 细调整：松开螺钉11，转动细调螺旋6，使刻线尺零刻线的影像接近固定指示线(±10格以内)，然后拧紧螺钉11。细调整后的目镜视场如图 3-4(a)所示。

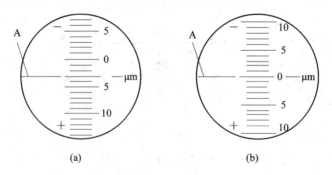

A—固定指示线

图 3-4　目镜视场

(a) 细调整后；(b) 微调整后

③ 微调整：转动微调螺旋10，使零刻线影像与固定指示线重合。微调整后的目镜视场如图 3-4(b)所示。

④ 按动测杆提升器13，使测量头起落数次，检查示值稳定性。要求示值零位变动不超过 1/10 格，否则应查找原因，并重新调整示值零位，直到示值零位稳定不变，方可进行测量工作。

（5）按动测杆提升器13，使测量头抬起，取下量块组，换上被测零件，松开提升器13，使测量头14与被测零件工作表面接触。在零件工作表面均布的几个位置上，分别进行测量，读取刻度盘上的示值，即为被测零件实际尺寸相对于量块组尺寸的偏差。

（6）取下被测零件，再放上量块组复查示值零位，其零位误差不得超过$\pm 0.5\ \mu\mathrm{m}$。

（7）确定被测零件的实际尺寸，并按零件要求尺寸精度，判断被测零件的合格性。

实验四　内径百分表测量孔径

一、实验目的

（1）了解内径百分表的工作原理及应用场合。

（2）掌握用内径百分表测量和评定工件孔径的方法。

二、实验内容

用内径百分表测量工件孔径，并判断其是否合格，将结果填写在实验报告中。

三、实验设备及其原理

1. 百分表的结构和传动原理

百分表是应用杠杆、齿轮、齿条等机械传动，将测量杆的微小直线位移经放大后转变为指针的偏转，从而指示出相应测量值的量具。图4-1所示是百分表的外形和传动原理。

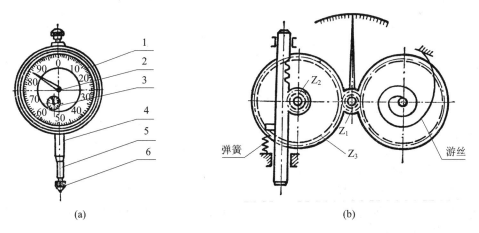

1—表盘；2—大指针；3—小指针；4—套筒；5—测量杆；6—测量头

图4-1　百分表的外形和传动原理

（a）外形图；（b）传动原理图

如图4-1(b)所示，有齿条的测量杆上、下移动，带动齿轮Z_2传动，与齿轮Z_2同轴的齿轮Z_3也随之转动，而齿轮Z_3又带动中心齿轮Z_1及其同轴上的指针偏转。

游丝的作用力保证齿轮在正反转时在同一齿面啮合，从而消除齿轮啮合间隙所引起的误差。弹簧是用来控制测量力的。百分表的刻度盘上刻成100等份，当测量杆移动1 mm时指针转一圈，因此百分表的分度值为0.01mm。百分表的测量范围有0～3 mm、0～

5 mm、0～10 mm 三种，可在百分表表盘中的小刻度盘上来体现。

2. 内径百分表的结构和传动原理

内径百分表是用相对量法(微差法)测量孔径的一种量仪。图 4-2 所示为杠杆传动式内径百分表，它由百分表及一套杠杆机构(即表架)组成，用于测量孔的形状和孔径。

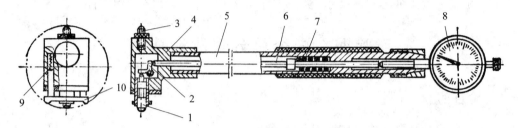

1—活动测量头；2—等臂杠杆；3—固定测量头；4—壳体；5—长管；
6—推杆；7、9—弹簧；8—百分表；10—定心护桥
图 4-2　杠杆传动式内径百分表

测量时，活动测量头 1 被工件压缩沿径向移动时，推动等臂杠杆 2 产生回转运动，等臂杠杆 2 又推动推杆 6 带百分表 8 的测量杆上下移动，使百分表的指针产生回转，指示出相应的示值。由于等臂杠杆 2 的两触点与回转轴心线间是等距离的，因此活动测量头 1 的移动距离与推杆 6 的移动距离完全相同，所以活动测量头 1 移动的距离与百分表的示值相等。

定心护桥 10 和弹簧 9 起找正直径位置的作用，以保持两个测量头正好在内径直径的两端位置上。

3. 内径百分表的测量范围

内径百分表的分度值为 0.01 mm。常用的测量范围有以下几种：6～10 mm、10～18 mm、18～35 mm、35～50 mm、50～100 mm、100～160 mm、160～250 mm。当测量范围大于 50 mm 时，示值误差不大于 0.02 mm，示值稳定性不大于 0.003 mm。由于内径百分表活动测量头的移动范围很小，因此，内径百分表附有一套各种长度的固定测量头 3，可根据被测尺寸的大小选用长度适当的固定测量头。

四、实验步骤

(1) 熟悉仪器的结构原理及操作使用方法。

(2) 根据被测孔的基本尺寸及公差等级，查孔的优先公差带极限偏差表，得上、下偏差。

(3) 根据被测孔的基本尺寸，选用适当的外径千分尺，或选用量块组装入量块附件，组成标准的内尺寸。

(4) 根据被测孔的尺寸，选用合适的固定测量头，拧入三通管一端的螺孔中，紧固螺母(注意其伸出的距离要使被测尺寸位于活动测量头总移动量的中间位置处)，并使百分表小指针压一圈左右。

(5) 用选好的外径千分尺调整百分表零位。将内径百分表的两测量头放在外径千分尺的两测量头之间，稍作摆动，找到百分表上大指针的最小读数(即大指针顺时针方向转到的回转点)，转动百分表刻度盘，使刻度盘上的零刻线转至大指针的回转点处。校对多次，使大指针的回转点始终在零线上。寻找回转点示意图如图 4-3 所示。

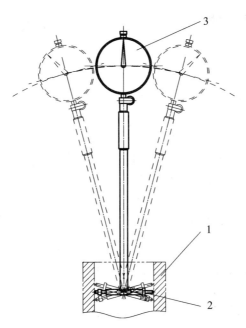

1—标准件或工件；2—测量杆；3—百分表

图 4-3 寻找回转点示意图

（6）测量孔径。校对好零位后将内径百分表的两测量头插入被测孔中，稍作摆动，找出大指针顺时针方向转到的回转点处，记下该点相对零位的偏差值，并注意偏差的正负号。在被测孔的两个横截面上且每个截面相互垂直的两个位置上进行测量。

（7）复校百分表的零位，若已不在零位，检查原因，重新调整测量。

（8）计算孔的实际尺寸，作出适用性结论。

（9）整理现场，清洗使用过的仪器和工件。

五、注意事项

用内径百分表测量孔径是一种相对量法，测量前应根据被测孔径的大小，在千分尺或其他量具上调整好尺寸后才能使用。

在用内径百分表测量孔径时，要特别注意不要读错尺寸。当指针对好零位以后，放入孔中沿测量杆的轴线方向进行摇摆，当指针在顺时针方向达到最大时，即是量杆压缩最多时，所对应的才是孔径的实际尺寸。如果指针正好在零位，说明孔的实际尺寸刚好与测量前内径百分表在百分尺上或其他量具上所对的尺寸相等。如果指针差一格不到零位，说明孔径比测量前在百分尺上所对的尺寸大 0.01 mm；如果指针超过零位，说明孔径小了，超过一格，孔径小 0.01 mm。

实验五　光滑极限量规检验工件

一、实验目的

（1）了解光滑极限量规的工作原理及应用场合。

（2）掌握用量规检验工件的方法。

二、实验内容

（1）用塞规检验内孔。

（2）用卡规检验轴径。

三、实验设备及其原理

光滑极限量规是一种无刻度的专用量具，分为塞规和卡规。两种量规都有通端（T）和止端（Z）之分，在用的时候都是成对使用的。

1. 塞规

塞规是用来检验内孔及其他内尺寸的量具。图 5-1 所示为一个双头塞规，一头是通端，另一头是止端。其通端是以最大实体尺寸制作的，止端是以最小实体尺寸制作的。在检验内孔时，"通端通，止端止"，即通端能够完全通过，止端不能通过才能判定该孔是合格的；若通端通过，止端也通过，说明孔大了，应判为不合格品中的废品；若通端通不过，止端也通不过，说明孔小了，还可以继续加工，应判为不合格品中的次品。

图 5-1　双头塞规

2. 卡规

卡规是用来检验轴径及其他外尺寸的量具。图 5-2 所示为一个双头卡规，一头是通端，另一头是止端。其通端是以最大实体尺寸制作的，止端是以最小实体尺寸制作的。在检验时，把卡规卡在轴径上，"通端通，止端止"，即通端能卡过去，止端卡不过去，才能判定该轴是合格的；若卡规的通端、止端都能卡过去，说明轴径小了，应判为不合格品中的废品；若卡规的通端卡不过去，说明轴径大了，还得继续加工，应判为不合格品中的次品。

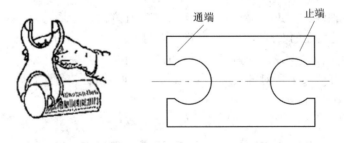

图 5-2　双头卡规

第二部分　几何误差测量

实验六　直线度误差的测量

一、实验目的

(1) 熟悉常用的检测直线度误差的方法；

(2) 掌握给定平面内直线度误差的评定方法；

(3) 掌握按两端点连线和最小包容区域作图求解直线度误差的方法。

二、实验内容

(1) 熟悉用平尺、刀口尺检测直线度误差的方法；

(2) 熟悉用合像水平仪测量直线度误差的方法；

(3) 熟悉用自准直仪测量直线度误差的方法。

三、实验仪器、实验方法

(一) 用平尺、刀口尺检测直线度误差

直线度误差是被测实际直线对理想直线的变动量。理想直线可用平尺、刀口尺等标准器具模拟，如图 6-1 所示。应用与理想要素比较原则(第一检测原则)，将平尺(或刀口尺)与被测直线直接接触，并使两者之间的最大光隙为最小，此时的最大光隙即为该被测直线的直线度误差。误差的大小应根据光隙测定，当光隙较小时，可按标准光隙来估读；当光隙较大时，则可用塞尺(即厚薄规)测量。按上述方法测量若干条直线，取其中最大的误差值作为被测零件的直线度误差。

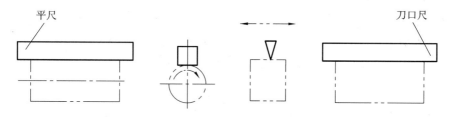

图 6-1　理想直线的模拟

标准光隙是由量块、刀口尺和平面平晶（或精密平板）组合而成的，如图6-2所示。标准光隙的大小借助于光线通过狭缝时，呈现各种不同颜色的光束来鉴别。一般来说，当间隙大于2.5 μm时，光隙呈白色；间隙为1.25~1.75 μm时，光隙呈红色；间隙约为0.8 μm时，光隙呈蓝色；间隙小于0.5 μm时，则不透光。当间隙大于30 μm时，可用塞尺来测量。

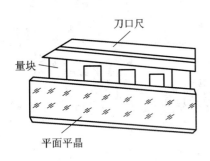

刀口尺

量块

平面平晶

图6- 标准光隙的构成

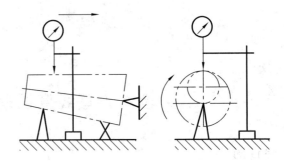

图6-3 应用带表的测量支架调理想直线

图6-3所示是带表的测量支架的应用。在平板上用可调支架将被测直线调整到与平板等高，作为理想直线测出实际直线的误差值，这是常用的一种测量方法。测量时，将被测素线的两端点调整到与平板等高，在素线全长范围内测量各点相对端点的高度差，同时记录读数，根据读数用计算法或作图法计算直线度误差。按上述方法测若干条素线，取其中最大的误差值作为该零件的直线度误差。

机床导轨、仪器导轨或其他窄而长平面的直线度误差测量，常在给定平面（垂直平面、水平平面）内进行检测。常用的计量器具有合像水平仪、柜式水平仪、电子水平仪和自准直仪等。使用这类器具的共同特点是测定微小角度的变化。由于被测表面存在直线度误差，当计量器具置于不同的被测部位时，其倾斜角度就要发生相应的变化。节距（相邻两测点的距离）一经确定，这个变化的微小角度与被测相邻两点的高低差就有确切的对应关系，通过对逐个节距的测量，得出变化的角度，用作图法或计算法，即可求出被测表面的直线度误差。

（二）用合像水平仪测量直线度误差

1. 实验目的

（1）掌握导轨的直线度误差的测量方法和测量数据的处理。

（2）掌握合像水平仪的正确操作方法。

2. 实验设备及测量内容

实验用合像水平仪的主要技术规格：刻度值0.01 mm/m。

应用合像水平仪测量导轨全长上垂直方向的直线度误差。

3. 仪器及测量原理说明

由于合像水平仪具有测量准确度高、测量范围大、测量效率高、价格便宜、携带方便等优点，因此在检测工作中得到了广泛的应用。使用时，将合像水平仪放在桥板上，再把桥板放在被测工件上，逐点依次测量。

合像水平仪结构如图 6-4 所示。

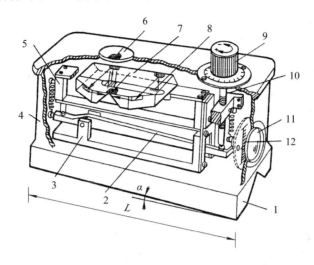

1—底板；2—杠杆；3—支承；4—壳体；5—支承架，6—放大镜；7—棱镜；

8—水准器；9—微分筒；10—测微螺杆；11—放大镜；12—刻度尺

图 6-4　合像水平仪结构

测量时，水准器 8 中水泡两端经棱镜 7 反射的两半影像从放大镜 6 观察。当桥板两端相对于自然水平面无高度差时，水准器 8 处于水平位置，则水泡在棱镜 7 两边是对称的，因此从放大镜 6 看到的两半影像重合，见图 6-5(a)。如果桥板两端相对于自然水平面有高度差，则水平仪倾斜一个角度，因而水泡不在水准器 8 的中央，从放大镜 6 看到的两半影像是错开的，见图 6-5(b)。这时转动测微螺杆 10，把水准器 8 倾斜一个角度，使水泡返回到对称于棱镜 7 两边的位置。这样，两半影像的偏移便消失，而恢复成图 6-5(a)所示重合的两半影像。偏移量先从放大镜 11 由刻度尺读数，它反映测微螺杆 10 旋转的整圈数；再从微分筒 9 的刻度盘读数（该盘上有等分成 100 格的圆周刻度），它是测微螺杆 10 旋转不足一圈的细分读数。习惯上规定，水平仪气泡移动方向和水平仪移动方向相同时读数取为"＋"，相反时则读数取为"－"。本量仪读数取值的正负由微分筒 9 指明。

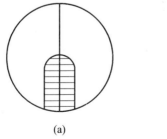
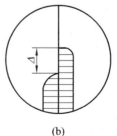

(a)　　　　　　　　　　(b)

图 6-5　水泡的两半影像

(a) 影像重合；(b) 影像错开

测微螺杆 10 转动的格数 a、桥板跨距 L(mm) 与桥板两端相对于自然水平面的高度差 h 之间的关系为 $h=0.01aL(\mu m)$。

4. 实验步骤

（1）将被测导轨表面及合像水平仪底部擦干净。

（2）被测导轨表面按各段 200 mm 等分。

（3）如图 6-6 所示，将合像水平仪 Ⅱ 放置在桥板 Ⅰ 上，实验用桥板长 $L=200$ mm，故分度值 $i=0.01$ mm $\div 1000$ mm $\times 200$ mm $=0.002$ mm。

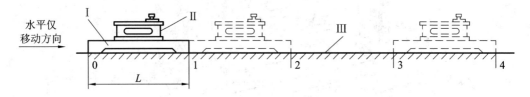

Ⅰ—桥板；Ⅱ—合像水平仪；Ⅲ—导轨

图 6-6　用水平仪测量直线度误差时的示意图

（4）自导轨一端开始，依次将桥板与水平仪放置在导轨各段上测量，记录读数，顺测（从起点到终点）、回测（由终点到起点）各一次。回测时注意桥板不能调头。各测点两次读数的平均值作为该点的测量数值，将所测数据记入实验报告中。必须注意，假如某一测点两次读数相差较大，说明测量情况不正常，应仔细查找原因并加以消除后重测。

（5）将测量结果进行数据处理（同后面自准直仪测量的数据处理），并分析评定。

（6）整理现场，完成实验报告。

（三）用自准直仪测量直线度误差

1. 实验目的

（1）了解自准直仪的工作原理和使用方法。

（2）掌握自准直仪测量直线度误差的方法及数据处理方法。

2. 仪器简介

实验仪器：自准直仪。

自准直仪又称平面度检查仪和平直仪，它是一种测量微小角度变化的仪器。除了测量直线度误差外，还可测量平面度、垂直度和平行度误差以及小角度等。仪器由本体及反射镜两部分组成。本体包括平行光管、读数显微镜和光学系统，如图 6-7 所示。

仪器的基本技术性能指标如下：

分度值：1 s 或 0.005 mm/m；

示值范围：±500 s；

测量范围（被测长度）：约 5 m。

3. 工作原理——自准直原理

由自准直仪光学系统图 6-7 可知，由光源 8 发出的光线照亮了带有一个十字刻线的分划板 6（位于物镜 10 的焦平面上），并通过立方棱镜 9 及物镜 10 形成平行光束投射到反射镜 11 上。经反射镜 11 返回之光线穿过物镜 10，投射到立方棱镜 9 的半反半透膜上，向上反射而汇聚在分划板 3 和 4 上（两个分划板皆位于物镜 10 的焦平面上）。其中件 4 是固定分划板，上面刻有刻度线，而件 3 是可动分划板，其上刻有一条指标线。由于分划板 3、4 都位于目镜 2 的焦平面上，所以在目镜视场中可以同时看到指标线、刻度线及十字刻线的影像。

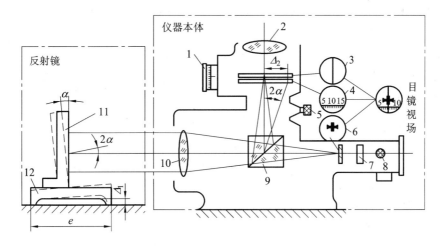

1—读数鼓轮；2—目镜；3—可动分划板；4—固定分划板；
5—锁紧钮；6—十字分划板；7—滤光片；8—光源；
9—立方棱镜；10—物镜；11—反射镜；12—桥板

图 6 - 7 自准直仪的光学系统图

如果反射镜 11 的镜面与主光轴垂直，则光线由原路返回，在固定分划板 4 上形成十字影像，此时若用指标线对准十字影像，则指标线应指在固定分划板 4 的刻线"10"上，且读数鼓轮 1 的读数正好为"0"（见图 6 - 8(a)）。

当反射镜倾斜并与主光轴成 α 角，也就是反射镜镜面与主光轴不垂直时，反射光线与主光轴成 2α 角。因此穿过物镜后，在固定分划板 4 上所成十字像偏离了中间位置。当移动指标线对准该十字像时，指标线不是指在"10"，而是偏离了一个 Δ_2 值（见图 6 - 7 及图 6 - 8(b)）。此偏离量与倾斜角 α 有一定关系，α 的大小可以由固定分划板 4 及读数鼓轮 1 的读数确定。

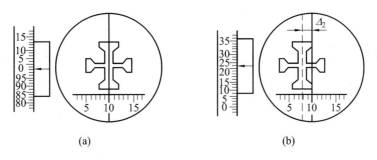

图 6 - 8 测量时示值的读取

(a) 读数为 1000 格；(b) 读数为 820 格

读数鼓轮 1 上共有 100 个小格。而鼓轮每回转一周，可动分划板 3 上的指标线在视场内移动 1 个格，所以视场内的 1 格等于鼓轮上的 100 个小格。读数时，应将视场内读数与鼓轮上的读数合起来。如图 6 - 8(a)所示，视场内读数为 1000 格，鼓轮读数为 0，合起来读数应为 1000 格。再如图 6-8(b)所示，视场内读数为 800 格，鼓轮读数为 20 格，故合起来读数应为 820 格。仪器的角分度值为 $1''$，即每小格代表 $1''$，故可容易地读出倾斜角 α 的角度值。为了能直接读出桥板与平台两接触点相对于主光轴的高度差 Δ_1 的数值（见图 6-7），可将格值用线值来表示。此时，线分度值与反射镜座（桥板）的跨距有关，当桥板跨距为 100 mm 时，则分度值恰好为 0.0005 mm（即 100 mm×tan1″≈0.0005 mm）。

用自准直仪测量直线度误差，就是将被测要素与自准直仪发出的平行光线（模拟理想直线）相比较，并将所得数据用作图法或计算法求出被测要素的直线度误差值。

4. 实验步骤

自准直仪本体 1 是固定的，通过移动带有反射镜 2 的桥板进行测量，如图 6-9 所示。

（1）将自准直仪本体和反射镜座均放置在被测平面的一端，接通本体电源后左右微微转动反射镜座，使镜面与仪器光轴垂直，此时从仪器目镜中能看到从镜面反射回来的十字亮带，旋转读数鼓轮，使活动分划板上的水平刻线与十字亮带的水平亮带中间重合，并读出鼓轮读数（即 0-1 测点位置上读数 a_1 就是 1 点相对 0 点的高度差值）。

（2）将桥板依次移到 1-2、2-3、3-4、4-5 等位置，并重复上述操作，记取各次读数 a_2、a_3、a_4、a_5。

（3）再将桥板按 5-4、4-3、3-2、2-1、1-0 的顺序，依次回测，记下各次读数 a_5'、a_4'、a_3'、a_2'、a_1'。若两次读数相差较大，应检查原因后重测。

（4）进行数据处理并用作图法求直线度误差。

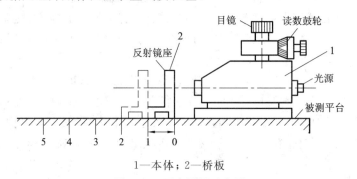

1—本体；2—桥板

图 6-9　平台测量示意图

5. 数据处理方法

举例说明：如图 6-9 所示，桥板的跨距 $e=100$ mm，平台长 $L=500$ mm，可将测量的平台分为 5 段，测得数据如表 6-1 所示。

表 6-1　直线度数据处理　　　　　　　　　　　　　μm

测定点	0	1	2	3	4	5
顺测读数 a_i		+3	+14	-5	+38	-20
回测读数 a_i'		+1	+16	-6	+42	-20
平均值		+2	+15	-5	+40	-20
相对测点 1 的读数	0	0	+13	-7	+38	-22
累积值	0	0	+13	+6	+44	+22

为了用最小条件法求出直线度误差，可在直角坐标上按累积坐标值的方法画出如图6-10所示的误差曲线。然后，用两条距离为最小的平行直线包容此误差曲线，则两平行线间沿纵坐标方向的距离即为直线度误差，在此例中为 $f_\_ = 34\ \mu m$。符合最小条件的平行直线的画法是：使曲线上所有点都处于两条平行直线之间，且曲线有两个最低点落在下边直线上，而此两点之间必有最高点落在上边直线上（叫作"低－高－低"准则）；或者曲线有两个最高点落在上边的直线上，而此两点之间有最低点落在下边的直线上（叫作"高－低－高"准则）。

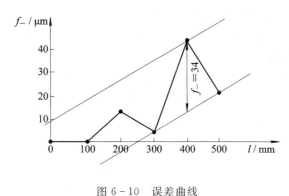

图 6-10　误差曲线

实验七　平面度误差的测量

一、实验目的

掌握平面度误差的测量方法。

二、实验内容

平面度误差测量。

三、实验设备

百分表架、百分表、平台、小千斤顶、平板等。

四、实验方法

平面度：被测实际平面对其理想平面的允许变动全量，是一项控制平面形状误差的指标。

实验方法——间接测量法：是通过测量实际表面上若干点的相对高度差或相对倾斜角，经数据处理后，求其平面度的误差值。

具体操作时是将被测零件用可调千斤顶安置在平台上，以标准平台为测量基面，按三点法或四点法（对角线法）调整被测面与平台平行。用百分表沿实际

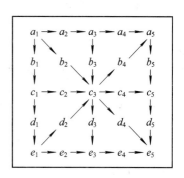

图 7-1　对角线布点法

表面上布点逐点测量。布点测量时，先测得各测点的数据，而后按要求进行数据处理，求平面度误差。所用的布点方法如图 7-1 所示。测量时按图中箭头所示的方向依次进行，最外的测点应距工作面边缘 5～10 mm。

五、实验步骤

(1) 擦净被测小平板，按图 7-1 的布点方式在被测表面上标定测点并进行编号。

(2) 将被测小平板按图 7-2 所示支撑在基准平台的三个千斤顶上，三个千斤顶应位于被测小平板上相距最远的三点。

(3) 通过三个千斤顶支架调整被测平面上对角对应点 1 与 2、3 与 4 等高。此时，即以此三个千斤顶建立的平面作为测量基面。

(4) 用百分表在被测表面上的各布点进行测量，并按编号记录百分表读数值。从百分表上读出的最大与最小读数值的差值，就是被测表面的平面度误差。

(5) 整理实验仪器，完成实验报告。

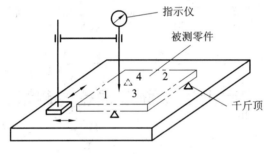

图 7-2　测量平面度误差

六、平面度误差的评定——按对角线平面法评定

用通过实际被测表面的一条对角线且平行于另一条对角线的平面作为评定基准，以各测点对此评定基准的偏离值中的最大偏离值与最小偏离值之差作为平面度误差值。

测点在对角线平面上方时，偏离值为正值；测点在对角线平面下方时，偏离值为负值。就是以通过实际被测表面的一条对角线且平行于另一条对角线的平面建立理想平面，各测点对此平面的最大正值与最大负值的绝对值之和作为被测实际表面的平面度误差值。

实验八　圆度误差的测量

第一节　两点法、三点法组合测量圆度误差

一、实验目的

掌握用两点法、三点法组合测量圆度误差值的方法。

二、实验内容

用改装的杠杆齿轮式机械比较仪，"2+3s90°+3s120°"的组合测量方案测量轴类零件

的圆度误差值。

被测工件如图 8-1 所示，测量轴的 $\phi40$ 段外圆的圆度误差。

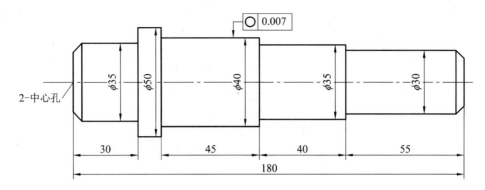

图 8-1　被测工件

三、实验设备

杠杆齿轮式机械比较仪(见图 2-2)的主要技术规格：分度值为 0.001 mm，示值范围为 $\pm100~\mu$m，测量范围为 $0\sim180$ mm。

四、实验方法

两点法、三点法测量的圆度误差可由下式确定：

$$f = \frac{\Delta}{F}$$

式中，Δ 为特征参数，指直径的两极限测量值之差；F 为反映系数，表示圆度误差反映在特征参数上的明显程度。反映系数的大小与轮廓的棱数、测量装置的结构(如测砧的分布位置)和指示器的安置方式(如是否对称)等因素有关。

两点测量法也称直径法，只能用来测量被测轮廓为偶数棱的圆度误差。该法是在零件的同一横截面上按多个方向测量直径的变化情况，取各个方向测得值中的直径最大差值。测量时，若特征参数 $\Delta = d_{max} - d_{min}$，反映系数 $F=2$，则两点法的圆度误差为

$$f = \frac{d_{max} - d_{min}}{2}$$

对于正奇数棱状态，两点法就不能测量出来，如正三棱圆形状，在各个方向上的直径都相等，因此就无法用直径来反映圆度误差。

三点法测量也称为 V 形支撑测量法，用于已知为奇数棱的圆度误差测量，与两点法组合，可用于测量不知具体棱数的轮廓。V 形支撑测量法结构形式可分为顶点式对称装置、顶点式非对称装置和鞍式对称装置三种，分别用于测量内、外轮廓。

图 8-2 所示为顶点式对称装置，是测量外圆时用的 V 形块装置。为了保证在同一截面上测量，以钢球作轴向定位，工件安置在 V 形块上，回转一周，测微计上最大、最小读数之差即为特征参数 Δ，除以反映系数 F，即为圆度误差 f。根据 GB 4380—1984《确定圆度误差的方法——两点、三点法》的规定，采用组合测量的方法可较方便地测得圆度误差值。

常用的组合方案有"2+3s90°+3s120°"和"2+3s72°+3s108°"两种，其代号的含义是：

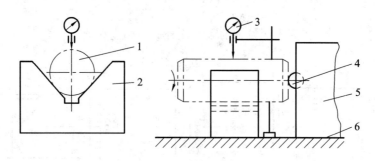

1—工件；2—V形块；3—指示表；4—钢球；5—方箱；6—平板

图8-2　顶点式对称装置测量外圆

"2"——两点法；"3"——三点法；"s"——顶式测量；"3sα"——表示对称顶点式三点测量，α 有90°、120°、72°、108°等。

测量时，对同一截面分别用两点法、三点法进行测量，则一组组合方案可得三个测得值 Δ，取此三个测得的 Δ 值中的最大值 Δ_{max} 除以反映系数 F，计算出圆度误差值 f。

反映系数 F 是一个与 V 形块的角度和被测实际圆棱的数量有关的函数值，用"2+3s90°+3s120°"测量的反映系数 F 见表8-1。

表8-1　用"2+3s90°+3s120°"测量时反映系数 F 与被测圆棱的数量的关系

棱数 n	2～7	8	9	10～14	15	16	17～22
反映系数 F	2	2.41	1	2	1	2.41	2

在实际生产中，通常不知道被测圆柱面的棱数，反映系数 F 近似取平均反映系数 F_{av}。组合方案不同，平均反映系数 F_{av} 也不同，其数值见表8-2。

表8-2　组合方案的反映系数

棱数 n	组合方案			
	2+3s90°+3s120°		2+3s72°+3s108°	
	反映系数 F			
2＜n≤22	最大	2.41	最大	2.62
	平均　（F_{av}）	1.95	平均　（F_{av}）	2.09
	最小	1.00	最小	1.38

五、实验步骤

(1) 两点法测量，如图8-3(a)所示。粗调，松开定位装置锁紧螺钉8，调节定位装置5至立柱的下端，横向放上工件4，使工件4的测量面在工作台1上；松开粗调锁紧旋钮7，调节粗调旋钮6，使测量头9与工件4测量面最高点相接触；一边转动工件4，一边调节粗调旋钮6，使读数指针的最大值在表上出现，锁紧粗调旋钮7；中调，转动工件4，调节中调螺母10，使表中的最大值指向表盘刻度的零处附近；读数，转动工件4（类似于立式光学计的尺寸测量），读出表中最大读数，要求同一截面读出多个方向的最大值，至少3个方向的直径。测得的最大读数的最大变化量为两点法测量的 Δ 值，用 Δ_1 表示。

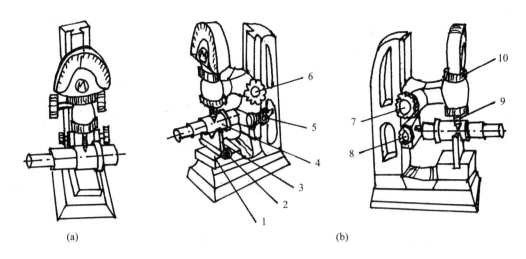

1—工作台；2—V形块锁紧螺钉；3—V形块；4—工件；5—定位装置；6—粗调旋钮；

7—粗调锁紧旋钮；8—定位装置锁紧螺钉；9—测量头；10—中调螺母

图 8-3　改装的齿轮杠杆比较仪

(a) 两点法测量；(b) 三点法测量

（2）三点法测量，如图 8-3(b)所示。松开粗调锁紧旋钮 7，并调节粗调旋钮 6，使横臂移至立柱的上端；分别将 90°和 120° V 形块 3 先后安置在仪器的工作台 1 上，使 V 形块 3 与测量头 9 在同一测量垂直面上，用 V 形块锁紧螺钉 2 固定 V 形块 3；放上工件 4，松开定位装置锁紧螺钉 8，上下移动定位装置 5，用工件 4 中心孔与定位装置上的小球定位，保证工件 4 水平绕 V 形块平稳旋转。

三点法测量调整零位：粗调，松开粗调锁紧旋钮 7，调节粗调旋钮 6，使测量头 9 与工件测量面接触，使表上出现指针；中调，调节中调螺母 10，使指针处于表的零位；微调，指针不动，表中刻度盘旋转；读数，使工件在 V 形块上回转一周，读出表中最大值和最小值，记下读数最大值和最小值的差值为 Δ，则 Δ_2、Δ_3 分别为三点法 90°和 120° V 形块测量出的值。

（3）取 Δ_1、Δ_2、Δ_3 中的最大值 Δ_{max} 除以平均反映系数 F_{av}，即圆度误差为 $f = \dfrac{\Delta_{max}}{1.95}$。

（4）在圆柱面上测 3～5 个截面，取最大的作为该圆柱面的圆度误差值，与公差值相比较，进行分析评定。

（5）整理现场，完成实验报告。

第二节　圆度仪测量圆度误差

一、实验目的

掌握用圆度仪测量圆度误差值的测量方法。

二、实验内容

分别使用转轴式和转台式圆度仪测量圆度误差值。

三、实验原理与实验设备

1. 测量原理

圆度仪法是利用点的回转形成的基准圆与被测实际圆轮廓相比较而评定其圆度误差。测量时，若仪器测头与实际被测圆轮廓接触，则实际被测轮廓的半径变化量就可以通过测头反映出来，通过传感器将其转化为电信号，经放大和滤波后自动记录下来，获得轮廓误差的放大图形，就可按放大图形来评定圆度误差；也可以由仪器附带的电子计算装置运算，将圆度误差值直接显示并打印出来。

2. 圆度仪的分类

（1）转轴式圆度仪（见图8-4）。测量时，被测零件固定不动，测头与零件接触并旋转。主轴工作时不受被测零件重量的影响，因而比较容易保证较高的主轴回转精度。

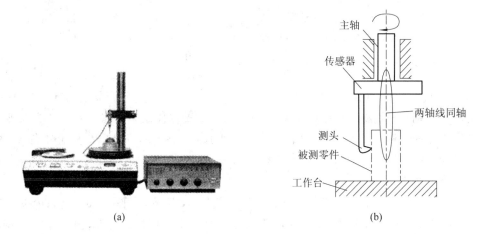

(a)　　　　　　　　　　　　　　　(b)

图 8-4　转轴式圆度仪

（a）转轴式圆度仪实物；（b）测量示意图

（2）转台式圆度仪（见图8-5）。这种圆度仪能使测头很方便地调整到被测件任一截面进行测量，但是受旋转工作台承载能力的限制，只适合于测量小型零件的圆度误差。

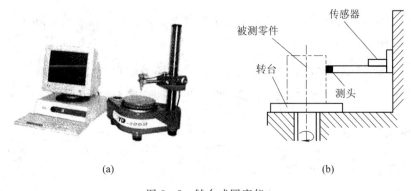

(a)　　　　　　　　　　　　　　　(b)

图 8-5　转台式圆度仪

（a）转台式圆度仪实物；（b）测量示意图

四、实际步骤

如图 8-6 所示，被测圆柱表面的圆度公差为 0.03 mm。用圆度仪完成该零件圆度误差的测量。

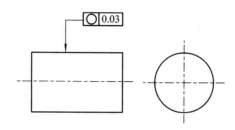

图 8-6　圆度误差测量图例

（1）将被测零件放置在圆度仪上。

（2）调整被测零件的轴线，使它与圆度仪的回转轴线同轴。

（3）记录被测零件在回转一周过程中测量截面上各点的半径差，计算该截面的圆度误差。

（4）测头间断移动，测量若干截面，取各截面圆度误差中最大误差值作为该零件的圆度误差。

（5）评定检测结果。如果计算得出的最大误差值小于等于 0.03 mm，说明该圆柱面的圆度符合要求；否则，说明该圆柱面的圆度超差。

实验九　平行度误差的测量

一、实验目的

掌握平行度误差的测量方法。

二、实验内容

给定互相垂直的两个方向上的平行度误差的测量。

三、实验设备

百分表、磁力表座、平台、等高顶尖座、百分表架、直角尺和心轴（根据孔径配制）及被测零件连杆等。

四、实验方法

被测零件连杆上的两孔轴心线在互相垂直的两个方向上有平行度公差要求。如图 9-1 所示，选 Ⅰ—Ⅰ 轴线作为基准轴线，Ⅱ—Ⅱ 轴线作为被测轴线。测量时，基准轴线和被测轴线均根据孔径配制的心轴来模拟，将被测零件放在等高支承（V 形块或等高顶尖座）上，

在测量距离为 L 的两个位置上测量的数值分别为 h_1 和 h_2，被测零件孔长为 l，则平行度误差为 $f = \dfrac{l}{L} |h_1 - h_2|$。

五、实验步骤

（1）如图 9-1 所示，在被测零件连杆的两孔中分别插入心轴Ⅰ—Ⅰ和Ⅱ—Ⅱ，并将心轴Ⅰ—Ⅰ选作基准轴线。

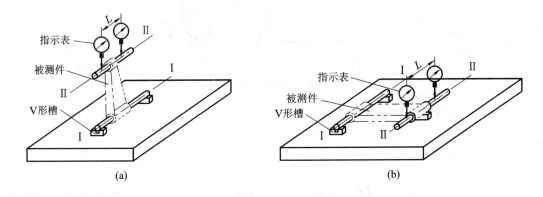

图 9-1　平行度的测量
（a）x 方向；（b）y 方向

（2）将心轴Ⅰ—Ⅰ放在等高的 V 形槽中（或等高顶尖座上），且使Ⅰ—Ⅰ轴心线及包含Ⅱ—Ⅱ轴心线上一个端点所构成的平面垂直于平台（用直角尺校正），固定好被测零件。

（3）调平Ⅰ—Ⅰ心轴：通过调节百分表架，使百分表的测量头在Ⅰ—Ⅰ心轴的一端最高点，且调整使百分表的指针压上半圈以上，转动表盘调节指针指零；再移动表架至Ⅰ—Ⅰ心轴另一端最高点，读出百分表上读数值，判断其两端点的高低情况，并进行调整，使两端读数相同后固定零件。

（4）在Ⅱ—Ⅱ心轴上确定出测量长度 L，并测出被测零件孔长 l，记入实验报告数据表中。

（5）移动表架，在Ⅱ—Ⅱ心轴的 L 长度的左右两端分别进行测量（见图 9-1(a)），并记录测量数据，则垂直方向的平行度误差为

$$f_x = \frac{l}{L} |h_1 - h_2|$$

式中，l 为孔长，L 为测量长度。

（6）改变位置，使Ⅰ—Ⅰ轴心线及包含Ⅱ—Ⅱ轴心线上一个端点所构成的平面与平台平行。方法同上，调平Ⅰ—Ⅰ心轴，然后在Ⅱ—Ⅱ心轴的测量长度 L 的左右两端分别进行测量（见图 9-1(b)），同理可得水平方向的平行度误差为

$$f_y = \frac{l}{L} |h_1 - h_2|$$

（7）记录数据，整理实验器具。

实验十　垂直度误差的测量

一、实验目的

掌握垂直度误差的测量方法。

二、实验内容

平面对平面的垂直度误差的测量。

三、实验设备

百分表、平台、垂直表架和标准角尺等。

四、实验步骤

（1）按被测零件垂直度误差要求，选适合测量范围的百分表安装在垂直表架上。

（2）如图 10-1 所示，将标准角尺的基准面放在基准平台上，将垂直表架移至标准角尺，使垂直表架上的两个定位销与标准角尺接触，压缩百分表至适当位置，记下读数值。

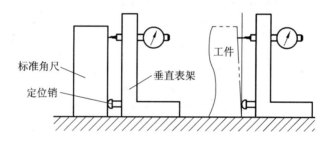

图 10-1　垂直度测量示意图

（3）将零件的一个面确定为基准面，并将基准面固定在基准平台上，把垂直表架移至被测零件，使垂直表架上的两个定位销与零件的被测面接触，同时调整靠近基准的被测表面的读数相等。

（4）分别在被测表面各个部分取多个点进行测量，通过百分表进行读数，并记录数据。

（5）求从各点测得的数据中最大读数与最小读数之差即为该零件的垂直度误差。

实验十一　径向圆跳动与轴向圆跳动误差的测量

一、实验目的

（1）掌握径向圆跳动和轴向圆跳动误差的测量方法。

（2）加深对径向圆跳动和轴向圆跳动定义的理解。

二、实验内容

径向圆跳动和轴向圆跳动误差测量。

三、实验设备

百分表、磁力表座、偏摆检查仪、平台、等高顶尖座、百分表架和心轴（根据孔径配制）等。

四、实验步骤

本实验采用跳动测量仪测量盘套形零件的径向和轴向圆跳动。该测量仪的外形如图11-1所示，它主要由底座5和两个顶尖座4组成。

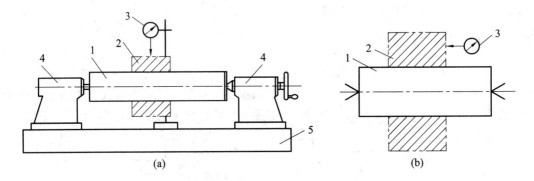

1—心轴；2—被测零件；3—指示表；4—顶尖座（两个）；5—底座

图 11-1　跳动测量示意图

（a）测量径向圆跳动；（b）测量轴向圆跳动

（1）把被测零件2安装在心轴1上（被测零件的基准孔与心轴间成无间隙配合），然后把心轴安装在量仪的两个顶尖座4的顶尖之间，使心轴能自由转动且没有轴向窜动。

（2）将安装着指示表3的表架放置在底座5的工作面上。调整指示表表架的位置，使指示表3测杆的轴线垂直于心轴轴线，且测量头与被测外圆的最高点接触（表架沿圆柱面切线方向移动时，指示表指针回转的转折点），并把测杆压缩1～2 mm（即指示表长指针压缩1～2转），此时固定表架的位置。然后把被测零件缓慢转动一圈，读取指示表的最大与最小示值，它们的差值即为径向圆跳动值。

对于较长的被测外圆柱面，应根据具体情况，测量几个横截面的径向跳动值，取其中最大值作为测量结果。

（3）调整指示表3在表架上的位置，使指示表测杆的轴线平行于心轴轴线，测量头与被测端面接触，并把测杆压缩1～2 mm。然后把被测零件缓慢转动一转，读取指示表的最大与最小示值，它们的差值即为轴向圆跳动值。

若被测圆端面的直径较大，应根据具体情况，在不同的几个轴向位置上测量轴向圆跳动值，取其中最大值作为测量结果。

第三部分　表面粗糙度检测

实验十二　比较法测量表面粗糙度 Ra

一、实验目的

熟悉使用表面粗糙度标准样块进行表面粗糙度 Ra 的判定方法。

二、实验内容

应用表面粗糙度标准样块判定所给零件的表面粗糙度 Ra 的值。

三、实验设备

表面粗糙度轮廓的最简单测量方法是粗糙度样块比较法。这种方法是将实际被测表面与已知 Ra 值的表面粗糙度标准样块(见图 12-1)进行视觉和触觉比较。所选用的样块与被测零件的形状(平面、圆柱面)和加工方法(车、铣、刨、磨)必须分别相同,并且样块的材料、表面色泽等应尽可能与被测零件一致,才能得到比较正确的结果。

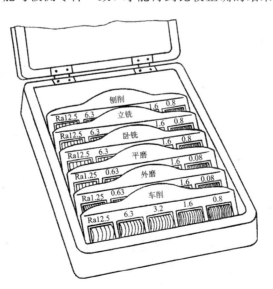

图 12-1　表面粗糙度标准样块

四、实验方法

检测时，按实际被测表面加工痕迹的深浅与所选用的样块，把被测零件和样板靠在一起，进行对比，凭检验者的经验来判断工件的粗糙度。这种检测方法简单易行，但测量精度不高。

两者对比时，可用肉眼比较判断，也可借助放大镜或低倍率的比较显微镜观察比较，也可用感触抚摸、手指感触（用手指甲分别在实际被测表面上和粗糙度比较样块的表面上沿垂直于加工纹理的方向划一下）或流体比较来判断。

通常被测表面较粗糙时（$Ra > 2.5\ \mu m$），用目测比较；当被测表面较光滑时（$Ra = 0.32 \sim 2.5\ \mu m$），可借助 $5 \sim 10$ 倍的放大镜比较；被测表面很光滑时（$Ra < 0.32\ \mu m$），则借助于比较仪或立体显微镜进行比较，以提高检测精度。

对于高精度或需要测定粗糙度参数值的零件，可借助仪器，用各种仪器测量幅度参数算术平均公差 Ra 值或最大高度 Rz 值时，被测表面应该先用表面粗糙度标准样块进行评估，这有助于测量时顺利调整量仪。Ra 值与 Rz 值的对照关系见表 12 - 1。

表 12 - 1　Ra 与 Rz 数值对照（摘自 GB/Z 18620.4—2002）

轮廓的算术平均公差 $Ra/\mu m$	轮廓的最大高度 $Rz/\mu m$	相当的表面光洁度
50	200	▽1
25	100	▽2
12.5	50	▽3
6.3	25	▽4
3.2	12.5	▽5
1.6	6.3	▽6
0.8	6.3	▽7
0.4	3.2	▽8
0.2	1.6	▽9
0.1	0.8	▽10
0.05	0.4	▽11
0.025	0.2	▽12
0.012	0.1	▽13
—	0.05	▽14

实验十三　光切显微镜测量表面粗糙度 Rz

一、实验目的

（1）了解用光切显微镜测量表面粗糙度的基本原理，掌握仪器的使用和调整方法。

（2）掌握用轮廓的最大高度 Rz 来评定表面粗糙度。

（3）学会用标准线纹尺测定仪器的刻度值。

二、实验内容

应用光切显微镜测量所给试件轮廓的最大高度 Rz。

三、实验设备

光切显微镜的主要技术规格：测量 Rz 的范围为 $1.0\sim125~\mu m$。

光切显微镜是一种非接触法测量的光学仪器，其外形如图 13-1 所示。底座 7 上装有立柱 2，显微镜的主体通过横臂 5 和立柱 2 连接，转动升降螺母 6 将横臂 5 沿立柱 2 上下移动，此时，显微镜进行粗调焦，并用锁紧螺钉 3 将横臂 5 紧固在立柱 2 上。显微镜的光学系统压缩在一个封闭的壳体 14 内，在壳体 14 上装有可替换的物镜组 12（它们插在滑板上用手柄 13 借弹簧力固紧）、测微目镜 16、光源 1 及照相机插座 18 等。微调手轮 4 用于显微镜的精细调焦。松开工作台 11 固定螺钉 9，仪器的坐标工作台 11 可做 360° 转动。对平的工件，可直接放在工作台 11 上进行测量；对圆柱形的工件，可放在仪器工作台 11 上的 V 形块（图中没装）上进行测量。

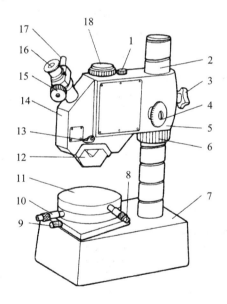

1—光源；2—立柱；3—锁紧螺钉；4—微调手轮；5—横臂；6—升降螺母；

7—底座；8—工作台横向移动千分尺；9—工作台固定螺钉；10—工作台纵向移动千分尺；

11—工作台；12—物镜组；13—手柄；14—壳体；15—测微鼓轮；16—测微目镜；

17—紧固螺钉；18—照相机插座

图 13-1 光切显微镜的结构外形

四、实验方法

实验应用光切法原理，测量轮廓的最大高度 Rz 值。

光切显微镜的工作原理如图 13-2 所示，从光源 3 发出的光经狭缝 4 以 $\alpha_1=45°$ 射向被测表面后，又以 $\alpha_2 = 45°$ 的角度反射出来（$\alpha_2 = \alpha_1$），则在观察管中可看到一条光带，当被测表面有微观不平度时，则光带为曲折形状，如图 13-2 中的 A 向视图所示，光带曲折的程度即为被测表面微观不平度的放大。当被测表面的微小峰谷差为 H 时，观察管上的 $b = \dfrac{H}{\cos\alpha} N$，式中，$N$ 为物镜系统放大倍数。当 $\alpha = 45°$ 时，$b = \sqrt{2} N H$。

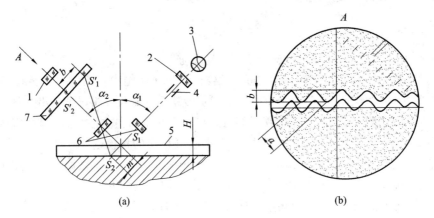

(a)　　　　　　　　　　　　　　　　(b)

1—目镜；2—聚光镜；3—光源；4—狭缝；5—工件表面；6—物镜；7—目镜分划板

图 13-2　光切显微镜的工作原理

（a）光路；（b）光带

如图 13-1 所示，在观察管上装有测微目镜头 16 用以读数。测微目镜中目镜分厘尺的结构原理如图 13-3(a) 所示，测微鼓轮 3（刻度套筒）旋转一圈，活动分划板 2 上的双刻线相对于固定分划板 1 上的刻线移动 1 格，而活动分划板 2 上的双刻线在十字线的角平分线上，由此可见活动分划板上的十字线与测微丝杆轴线成 $45°$。所以当测量 b 时，转动刻度套筒使十字交叉线之一分别与波峰或波谷对准，双刻线和十字线是沿与光带波形高度 b 成 $45°$ 方向移动的，见图 13-3(b)。因此 b 与在目镜分厘尺中读取的数值 a 之间有如下的关系：$a = b/\cos\alpha$。

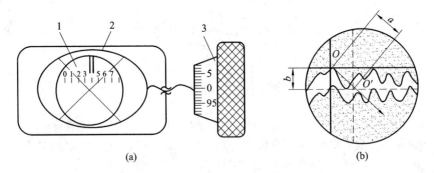

(a)　　　　　　　　　　　　　　　　(b)

1—固定分划板；2—活动分划板；3—测微鼓轮

图 13-3　读数目镜示意

（a）测微目镜分厘尺结构；（b）双刻线和十字线移动方向

当 $\alpha = 45°$ 时，$a = \sqrt{2} b$，将 $b = \sqrt{2} N H$ 代入得 $a = 2NH$，则 $H = a/(2N)$。

设 i 为目镜分厘尺刻度套筒上圆周刻度的分度值，其值为 $i = 1/(2N)$，则表面不平度的高度为 $H = ai$。

由此可知，目镜分厘尺的分度值 i 随所用可换物镜的放大倍数 N 而异，实验用光切显微镜可换物镜的应用参数见表 13 − 1。

表 13 − 1　光切显微镜的可换物镜

可换物镜的放大倍数 N	7	14	30	60
物镜的视野范围直径/mm	2.5	1.3	0.6	0.3
物镜的工作距离/mm	17.8	6.8	1.6	0.65
物镜可测的表面粗糙度范围 Rz/μm	125～16	32～4.0	8.0～2.0	4.0～1.0
目镜分厘尺计算分度值/μm	1.3	0.65	0.30	0.13
总放大倍数(包括目镜 15)	60	120	260	520

注：使用时，目镜分厘尺的实际分度值应用仪器所附带的标准线纹尺进行测定。

五、实验步骤

(1) 了解仪器的结构原理和操作程序。

(2) 估计或比较被测工件表面的粗糙度范围，参照表 13 − 1 选用放大倍数合适的可换物镜组(优先用低倍数物镜)，并装入仪器。

(3) 查表 13 − 2，确定取样长度 l_r 和评定长度 l_n。

表 13 − 2　Ra、Rz 的取样长度 l_r 和评定长度 l_n 的选用值

轮廓算术平均公差 Ra/μm	轮廓最大高度 Rz/μm	相当表面光洁度	取样长度 l_r/mm	评定长度 $l_n = 5l_r$/mm
50	200	▽1	8.0	40.0
25	100	▽2	8.0	40.0
12.5	50	▽3	8.0	40.0
6.3	25	▽4	2.5	12.5
3.2	12.5	▽5	2.5	12.5
1.6	6.3	▽6	0.8	4.0
0.8	6.3	▽7	0.8	4.0
0.4	3.2	▽8	0.8	4.0
0.2	1.6	▽9	0.8	4.0
0.1	0.8	▽10	0.25	1.25
0.05	0.4	▽11	0.25	1.25
0.025	0.2	▽12	0.25	1.25
0.012	0.1	▽13	0.08	0.4
—	0.05	▽14	0.08	0.4

(4) 如图 13 − 1 所示，接通电源，并根据各人的视力，调节测微目镜 16，使视野中的刻线最清晰。

（5）将被测工件放在工作台上（注意工件表面加工痕迹与光带垂直），松开锁紧螺母 3，调节升降螺母 6，使光带的一个边界最清晰，再锁紧螺母 3。

（6）转动目镜分厘尺，使可活动分划板上的十字线之一与光带中心平行（见图 13-4）。移动工作台纵向移动千分尺 8，分划板上的十字线之一与光带中心仍然保持平行。转动目镜分厘尺的刻度套筒，使横线与轮廓影像的清晰边界在按标准规定的取样长度范围内，与一个最高点（峰）相切，记下格数值 Z_p，见图 13-5。再移动横线与同一轮廓影像的最低点（谷）相切，记下格数值 Z_v。Z_v 和 Z_p 数值是相对于某一基准线（平行于轮廓中线）的高度的，见图 13-6。

设中线 m 到基准线的高度为 R，则 $R_p = Z_p - R$，$R_v = R - Z_v$，代入得

$$Rz = R_p + R_v = Z_p - Z_v（格）= i(Z_p - Z_v)$$

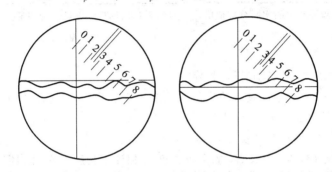

图 13-4　活动分划板上的十字线之一与光带中心平行

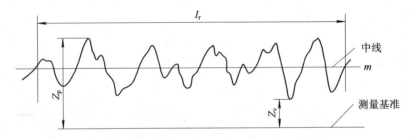

图 13-5　最高点和最低点至基准的距离

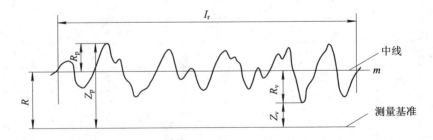

图 13-6　表面轮廓的最大高度

（7）根据工件表面粗糙情况确定评定长度，通常评定长度取 5 倍的取样长度；移动工作台纵向移动千分尺 8，选取另一个取样长度，测量出 Rz。同理共取 5 个取样长度，将所得 5 个取样长度下测出的最大 Rz 作为轮廓的最大高度 Rz 来评定。

（8）测定目镜分厘尺的分度值 i。测定分度值的目的是确定每台仪器各对可换物镜组

的实际放大倍数，以计算目镜分厘尺的实际分度值 i，其方法是用仪器测量标准线纹尺。标准线纹尺将 1 mm 长度等分 100 格，刻在长方形玻璃板中部直径为 10 mm 圆圈的中心位置（参见图 13-7）。

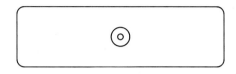

图 13-7　标准线纹尺

测定步骤如下：

① 将线纹尺放在工作台台面上，根据仪器操作程序，松开锁紧螺母 3，调节升降螺母 6，使光带出现在视场中间，再锁紧螺母 3。

② 移动玻璃线纹尺（或移动工作台纵、横向移动千分尺），在视场中找到线纹尺的刻线，使刻线与光带垂直（见图 13-8）。

③ 转动目镜分厘尺，使十字线与光带交叉，在移动十字线时，其交点应与标尺刻线的所有端点在同一位置相交（见图 13-9）。

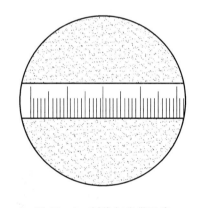

图 13-8　刻线与光带垂直

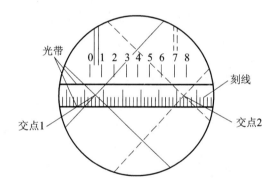

图 13-9　移动十字线交点使之与标尺刻线的
所有端点在同一位置相交

④ 按表 13-3 选择标准线纹尺的格数 Z，将十字线交点（见图 13-9）在线纹尺上移动 Z 格并分别记下目镜分厘尺的读数 A_1、A_2，则光切显微镜的实际放大倍数为

$$N = \frac{|A_1 - A_2|}{Z \times 0.01}$$

则目镜分厘尺的分度值为

$$i = \frac{1}{2N} = \frac{Z \times 0.01 \times 1000}{2 |A_1 - A_2|} \mu m$$

表 13-3　标准线纹尺上移动格数

可换物镜放大倍数	7	14	30	60
线纹尺上应移过的格数 Z	100	50	30	20

⑤ 测量完毕，升起悬臂，将标准线纹尺放回专用盒中，将悬臂降至最低位置。

（9）整理计算，得出被测工件表面粗糙度数值 Rz。

（10）整理现场，完成实验报告。

实验十四　粗糙度仪测量表面粗糙度

一、实验目的

（1）了解袖珍式表面粗糙度测量仪的测量原理。

（2）掌握袖珍式表面粗糙度测量仪的操作方法。

（3）掌握用袖珍式表面粗糙度测量仪测量表面粗糙度的工作过程。

二、实验仪器

袖珍式表面粗糙度测量仪。

三、实验内容

（1）掌握用袖珍式表面粗糙度测量仪测量零件表面粗糙度 Ra、Rz 的值。

（2）对比粗糙度样板验证测量量值。

四、测量原理及计算器具

1. 袖珍式表面粗糙度测量仪概述

袖珍式表面粗糙度测量仪是专门用于测量被加工零件表面粗糙度的新型智能化仪器，外形如图 14-1 所示。该仪器具有测量精度高、测量范围宽、操作简便、便于携带、工作稳定等特点，可以广泛应用于各种金属与非金属的加工表面的检测。该仪器是传感器与主机一体化的袖珍式仪器，具有手持式特点，更适宜在生产现场使用。袖珍式表面粗糙度测量仪适用于加工业、制造业、检测、商检等部门，尤其适用于大型工件及生产流水线的现场检验，以及检测、计量等部门的外出检验。

图 14-1　袖珍式表面粗糙度
测量仪外形

（1）功能特点。袖珍式表面粗糙度测量仪集微处理器技术和传感技术于一体，以先进的微处理器和优选的高度集成化的电路设计，构成适应当今仪器发展趋势的超小型的体系结构，完成粗糙度参数的采集、处理和显示工作，不仅可测量外圆、平面、锥面，还可测量长宽大于 80 mm × 30 mm 的沟槽，并具有以下功能：可选择测量参数 Ra、Rz，可选择取样长度，具有校准功能，自动检测电池电压并报警，且有充电功能，可边充电边工作。

（2）主要技术参数如下：

测量参数：Ra、Rz；

测量范围：$Ra0.05\sim10\ \mu m$，$Rz0.1\sim50\ \mu m$；

取样长度：0.25 mm、0.8 mm、2.5 mm；

评定长度：1.25 mm、4 mm、5 mm；

扫描长度：6 mm；

示值误差：≤±15%；

示值变动性：<12%；

传感器类型：压电晶体；

电源：3.6 V×2，镉镍电池；

工作温度：0℃～40℃；

质量：200 g；

外形尺寸：125 mm×73 mm×26 mm。

2. 结构特点

袖珍式表面粗糙度测量仪采用优化的电路设计及传感器结构设计，将电箱、驱动器及显示部分合为一体，达到高度集成化，其主机结构如图 14-2 所示。仪器结构简单、操作方便，清晰的液晶显示取代了指针读数。

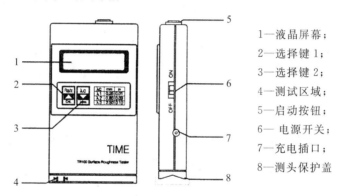

1—液晶屏幕；

2—选择键1；

3—选择键2；

4—测试区域；

5—启动按钮；

6—电源开关；

7—充电插口；

8—测头保护盖

图 14-2　袖珍式表面粗糙度仪主机外形结构

3. 仪器工作原理

测量工件表面粗糙度时，将袖珍式表面粗糙度仪的传感器放在工件被测表面上，传感器在驱动器的驱动下沿被测表面作匀速直线运动，其垂直于工作表面的触针，随工作表面的微观起伏作上下运动，并产生位移，该位移使传感器电感线圈的电感量发生变化，从而在相敏整流器的输出端产生与被测表面粗糙度成比例的模拟信号，该信号经过放大及电平转换之后进入数据采集系统，DSP 芯片将采集的数据进行数字滤波和参数计算，经 A/D 转换器转换为数字信号，再经 CPU 处理后，计算出 Ra、Rz 值并显示。得出的测量结果可直接在液晶显示器上读出，也可在打印机上输出，还可以与 PC 进行通信，其原理如图14-3 所示。

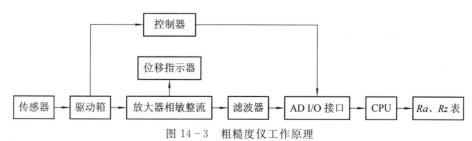

图 14-3　粗糙度仪工作原理

五、实验步骤

1. 仪器校准

当发现仪器测量值偏差大时，可用标准样板对仪器进行校准。用于校准的标准样板粗糙度为 $Ra0.1\sim10\ \mu m$。具体方法为：在米制、关机状态下按住 ▨ 键，同时打开电源开关，听到"嘀"的一声后，松开 ▨ 键，此时进入校准状态，在屏幕左上方显示"CAL"，数值部分显示随机校准样板的 Ra 值。假如使用另外的校准样板，那么按住 ▨ 键，使 Ra 值递增，或按住 ▨ 键，使 Ra 值递减，直到显示所使用的标准样板 Ra 值。接着，将仪器置于该样板上，按下启动键，在"嘀、嘀"两声之后，校准结束，屏幕显示校准后的 Ra 测量值（此时，新的标准样板值将取代旧的标准样板 Ra 值并存入仪器）。待传感器回到起始位置后，可以进行正常测量。

推荐选用粗糙度值为 $Ra2.0\sim4.5\ \mu m$ 的标准样板，用户也可根据自身常用的测量范围选择样板。在进入校准功能后，如要放弃校准，则可以直接关机。在校准后，显示"—E—"则表示校准超限，此次校准失败。此时可重新调整 Ra 值，再次进行校准。用户根据自身常用的测量范围，选择样板进行校准，可显著提高测量精度。

2. 测量步骤

（1）打开电源，屏幕全屏显示，在"嘀"的一声后，进入测量状态。测量参数、取样长度将保持上次关机前的状态。用户在启动传感器前，应选择好所关心的测量参数 Ra 及合适的取样长度 $2.5\ \mu m$、$0.8\ \mu m$ 或 $0.25\ \mu m$（取样长度的选择请参考标准）。开机后，轻触 ▨ 键选择测量参数 Ra，轻触 ▨ 键将依次选择 0.25、0.8、2.5 各挡。选择好测量参数以及取样长度后，便可以测量了，将仪器 ▶◀ 部位对准被测区域，轻按启动键，传感器移动，在"嘀、嘀"两声后，测量结束，屏幕显示测量值。

（2）按 ▨ 键切换至 Rz 挡进行测量。

（3）对比粗糙度样板，对测量量值进行验证。

（4）记录测量数据，完成实验报告。

（5）测量完毕，要及时关掉电源，轻轻盖好仪器的保护盖。

3. 注意事项

（1）在传感器移动过程中，尽量做到使置于工件表面的仪器放置平稳，以免影响该仪器的测量精度。

（2）在传感器回到原来位置以前，仪器不会响应任何操作，直到一次完整的测量过程以后，才允许再次测量。

第四部分　角度锥度测量

实验十五　正弦规测量外圆锥的圆锥角

一、实验目的

掌握正弦规的使用原理及外圆锥角的测量方法。

二、实验内容

应用正弦规测量小角度外圆锥的圆锥角。

三、实验设备

正弦规的主要技术规格见表 15－1。

表 15－1　正弦规主要技术规格

距离 L	100 mm	200 mm
两圆柱中心距 L 的公差	$\pm 3\ \mu m$	$\pm 5\ \mu m$
两圆柱公切面与顶面的平行度	2 μm	3 μm
两圆柱的直径差	3 μm	3 μm

四、实验方法

如图 15－1 所示，正弦规是由本体 2 和固定在两端直径相同的精密圆柱体 1、3 所组成的精密测量工具。按工作面宽度的不同，它分为宽型和窄型两种，主要用于测量小角度外圆锥的圆锥角。正弦规测量角度的原理是利用直角三角形的正弦函数为基础进行测量的，

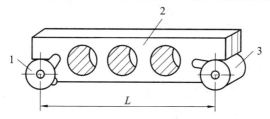

1、3—精密圆柱体；2—本体

图 15－1　正弦规外形

如图 15-2 所示。

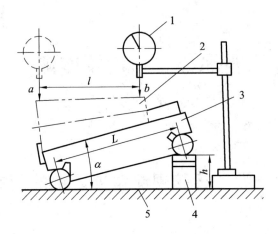

1—指示表；2—工件；3—正弦规；4—量块组；5—平板

图 15-2　用正弦规测量锥度

若在正弦规的一端（两圆柱之一）的下面垫入高度为 h 的量块组，则正弦规本体的测量平面与平板平面组成一角 α，$\sin\alpha = \dfrac{h}{L}$，即

$$h = L \sin\alpha$$

式中，L 为正弦规两圆柱间距离；h 为量块组尺寸；α 为正弦规测量平面与平板平面之间的夹角（即被测件的锥角）。

在测量圆锥体的角度时，可将公称锥角 α 代入，求出所需的量块组尺寸 h。然后组合量块组，并按图 15-2 放入一端的圆柱下面（靠锥角小端的一端），用指示表在圆锥工件上相距 l 的两点（a 和 b 点）测出其高度差 Δh，若实际锥角与公称锥角一致，则 $\Delta h = 0$，否则被测角度的误差为 $\Delta\alpha = \dfrac{\Delta h}{l}(\text{rad}) = \dfrac{\Delta h}{l} \times 2 \times 10^5{}''$。

五、实验步骤

（1）按被测工件的公称锥角 α，求出所需量块组的尺寸。按被测工件的圆锥角公差等级 AT 和圆锥长度 L，从 GB/T 11334—1989 圆锥角公差表中查出圆锥度公差 AT_α，并确定其上、下偏差。

（2）按量块组尺寸选出量块，并清洗干净组合成量块组。

（3）擦净平板、正弦规及工件，将工件安装在正弦规上，并将组合好的量块组放在锥体工件小端的正弦规圆柱下面。

（4）在被测锥体工件的上面，用钢尺测量一距离 l（任意选定），并在两点（图 15-2 中的 a、b）做出记号（用铅笔）。

（5）移动表架，使指示表的测量头分别通过 a 端和 b 端的顶点进行测量读数，并做记录。

（6）计算 $\Delta\alpha$（注意 $\Delta h = h_a - h_b$ 的正、负号）。

（7）评定是否合格，完成实验报告。

（8）将量仪、工件、工具擦洗干净，整理好现场。

实验十六　万能角度尺测量角度

一、实验目的

(1) 熟悉万能角度尺的结构，了解其附件在测量不同角度时的应用。

(2) 掌握测量各个范围角度时万能角度尺的组合方法。

二、实验内容

用万能角度尺测量角度。

三、实验设备

在机械零件的角度测量中，广泛使用游标读数值为 5′和 2′的万能角度尺，如图 16－1 所示。

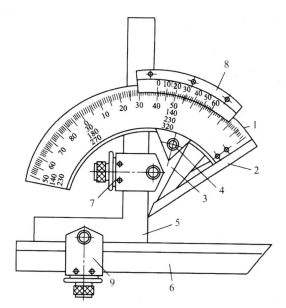

1—扇形板；2—挡板；3—活动板；4—连接板；5—角尺；6—直尺；7，9—卡块；8—游标

图 16－1　万能角度尺

万能角度尺可以用来测量零件和样板的内、外角度，其测角度的范围是 0°～320°，对于读数为 2′的万能游标角度尺来说，其测角度尺误差不超过±2′。

四、实验方法

如图 16－1 所示，扇形板 1 有基本刻度标尺，游标 8 固定在活动板 3 上，且可以沿扇形板转动。角尺 5 可以在活动板 3 上的卡块 7 中滑动和固定。直尺 6 可以在角尺 5 上的卡块 9 中滑动和固定，挡板 2 紧固在扇形板 1 上。

按不同的方式组合角尺 5、直尺 6 和挡板 2，可以测量 0°～320°范围内的任何角度，如

图 16-2 所示。

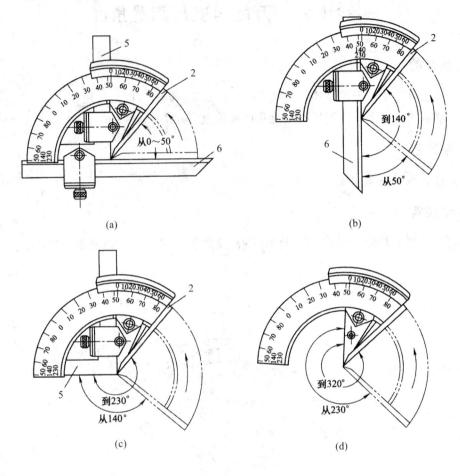

图 16-2 万能角度尺的各种组合
(a) 0°～50°；(b) 50°～140°；(c) 140°～230°；(d) 230°～320°

五、实验步骤

图 16-2(a)为测量 0°～50°的状况，具体操作如下：

(1) 松开固定在活动板 3 上的卡块 7 上的螺钉，使扇形板 1 随活动板沿角尺 5 下滑到需要测量的部位。

(2) 松开固定在角尺 5 上的卡块 9 上的螺钉，使直尺 6 与角尺 5 短直角边靠紧，再拧紧螺钉。

(3) 转动扇形板 1，使被测工件分别与直尺 6 和挡板 2 接触。

(4) 拧紧定位螺钉，观察读数。

(5) 角度的整数(°)由扇形板上面的主刻线确定，即看游标尺 0 刻线对应的主刻线上附近的数值即为整数度数值，而游标尺上与主刻线对准得最齐的那条刻线的数值即为分(′)值。图 16-2(a)中显示的为 50°。

(6) 按照被测工件的角度，选择合适的组合方案，测量、记录。

第五部分 螺 纹 测 量

实验十七 螺纹千分尺测量外螺纹中径

一、实验目的

熟悉螺纹千分尺测量外螺纹中径的原理和方法。

二、实验内容

用螺纹千分尺测量外螺纹中径。

三、实验设备

实验用螺纹千分尺的主要技术规格：分度值为 0.01 mm，测量范围为 0～25 mm。

四、实验方法

螺纹千分尺内附有一套可适应不同尺寸和牙型的可换的成对测量头，每对测量头只能用来测量一定螺距范围内的螺纹。它的规格有 0～25 mm、25～50 mm 直至 325～350 mm 等。螺纹千分尺测量头均由一个凹螺纹形测量头和一个圆锥形测量头组成，是根据牙型角和螺距的标准尺寸制造的，测得的单一中径不包含螺距误差和牙型半角误差的补偿值，故只用于低精度螺纹或工序间的检验。

螺纹千分尺的外形如图 17-1 所示。它的构造与外径千分尺基本相同，只是在测量砧和测量头上装有特殊的测量头 1 和 2，也就是将外径千分尺的平测量头改成可插式牙型测量头，用它来直接测量外螺纹的中径。螺纹千分尺的分度值为 0.01 mm。

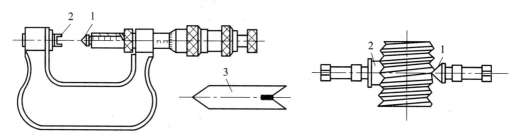

1、2—测量头；3—尺寸样板

图 17-1 螺纹千分尺

测量前，用尺寸样板 3 来调整零位。使用时根据被测螺纹的螺距大小，按螺纹千分尺测量被测螺纹的螺距及牙型角来选择测量头。测量时，在螺纹轴线两边牙型上，分别卡入与被测螺纹牙型角规格相同的一套凹螺纹形测量头和一个圆锥形测量头，即可由螺纹千分尺直接读出螺纹中径的实际尺寸。

实验十八　螺纹塞规和螺纹环规检验内、外螺纹

一、实验目的

熟悉用螺纹塞规和螺纹环规检验内、外螺纹的方法。

二、实验内容

(1) 螺纹塞规检验内螺纹。
(2) 螺纹环规检验外螺纹。

三、实验方法

螺纹的检验方法有综合测量和单项参数测量。同时测量螺纹的几个参数称为综合测量。在实际生产中，主要用螺纹极限量规检验内外螺纹工件的极限轮廓，控制其极限尺寸，保证螺纹联结件的互换性。它只能判断螺纹是否合格，而不能测得其实际尺寸。GB 3934—1983 将螺纹极限量规分为工作量规、验收量规和校对量规三种。

车间生产中，检验螺纹尺寸正确性所用的量规称为工作量规。它包括检验外螺纹(螺栓)用的光滑卡规和螺纹环规，检验内螺纹(螺母)用的光滑塞规和螺纹塞规。这些量规都有通端和止端。

四、用螺纹环规检验外螺纹(螺栓)

螺纹环规及通、止端牙型见图 18-1。

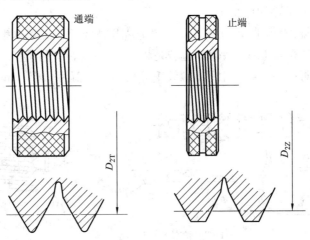

图 18-1　螺纹环规及通、止端牙型

1. 通端(T)螺纹工作环规

通端螺纹工作环规主要用来检验外螺纹作用中径,其次是控制螺栓小径最大极限尺寸。它是综合量规,因此应有完整的牙型(其牙型与标准内螺纹牙型相当)和标准旋合长度(8个牙)。合格的外螺纹都应被通端螺纹工作环规顺利地旋入,这样就保证了外螺纹的作用中径及小径不超过它的最大极限尺寸。

2. 止端(Z)螺纹工作环规

止端螺纹工作环规是用来检验外螺纹实际中径的。为了不受螺距误差和牙型半角误差的影响,仅仅使它的中径部分与被检验的外螺纹接触,所以止端螺纹工作环规的牙型做成截短牙型,其螺纹圈数也应减少到 $2 \sim 3\frac{1}{2}$ 牙。合格的外螺纹不应完全通过止端螺纹工作环规,但仍能允许旋合一部分(对于不多于 4 牙的外螺纹,环规旋入量不得多于 2 牙;多于 4 牙的外螺纹环规旋入量不得多于 $3\frac{1}{2}$ 牙)。这些没有通过止端螺纹工作环规的外螺纹说明它的实际中径没有小于它的最小极限尺寸,是合格的。

五、用螺纹塞规检验内螺纹(螺母)

螺纹塞规及通、止端牙型见图 18-2。

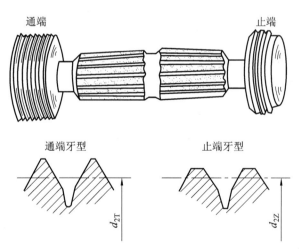

图 18-2　螺纹塞规及通、止端牙型

1. 通端(T)螺纹工作塞规

通端螺纹工作塞规主要用来检验内螺纹的作用中径,其次是控制内螺纹大径最小极限尺寸。它也是用综合量规,进行综合检验,所以应有完整的牙型(其牙型与标准外螺纹牙型相当)和标准旋合长度(8个牙)。合格的内螺纹都应被通端螺纹工作塞规顺利地旋入,这样就保证了内螺纹的大径和作用中径不小于它的最小极限尺寸。

2. 止端(Z)螺纹工作塞规

止端螺纹工作塞规是用来检验内螺纹实际中径的。为了不受螺距误差和牙型半角误差的影响，止端螺纹工作塞规的圈数做成很少的几圈$\left(2\sim3\dfrac{1}{2}牙\right)$并做成截短牙型。合格的内螺纹不应完全通过，但仍允许能旋合一部分（对于少于 4 牙的内螺纹，塞规从两端旋入量之和不得多于 2 牙；对于多于 4 牙的内螺纹，塞规旋入量不得多于 2 牙）。这些没有通过止端螺纹工作塞规的内螺纹说明它的实际中径没有超出它的最大极限尺寸，是合格的。

检验外螺纹大径和内螺纹小径的光滑卡规和螺纹环规，其形式与检验光滑圆柱体工件中的光滑极限塞规和卡规的原理及使用方法相同。

实验十九　万能工具显微镜测量丝杠螺距偏差及牙型半角偏差

一、实验目的

（1）初步掌握万能工具显微镜的操作方法。

（2）了解丝杠测量和一般螺纹测量的区别。

二、实验设备

万能工具显微镜比大型工具显微镜、小型工具显微镜的测量范围大，测量精度高，且备有多种附件，所以能测量的零件项目也大有扩展。万能工具显微镜被广泛地应用在生产和科研单位中。

仪器的基本技术性能指标如下：

分度值	长度 0.001 mm
	角度 $1'$
测量范围	纵向 x　0～200 mm
	横向 y　0～100 mm
	角度　0°～360°

三、实验方法

1. 螺纹测量介绍

一般精度的螺纹零件，特别是内螺纹，多采用综合检验来评定其合格性，以提高测量效率。然而，对于某些高精度的螺纹零件，如螺纹塞规、螺纹刀具及丝杠等，则需采用单项测量，主要被测几何参数有中径 d_2、螺距 P 和半角 $\alpha/2$ 等。目前生产中常用工具显微镜测量外螺纹中径、螺距和半角。

用工具显微镜测量外螺纹常用的测量方法有影像法、轴切法和干涉法。本实验采用影像法。对螺纹零件最好采用对焦杆调节物镜焦距，即在测量螺纹零件前先用对焦杆调焦，再放上被测件进行测量。由于影像法测量圆柱形或螺纹零件时，测量误差与仪器光圈大小有关，因此还应调节仪器光圈的大小。实验时应选用的光圈可从工具显微镜备有的光圈与被测件直径对应表中查出。

由于螺纹零件有螺旋升角 φ，因此测量时要将仪器立柱倾斜 φ 角，使光线沿螺旋线方向射入物镜，以达到影像清晰而不发生畸变的目的。立柱倾斜的方向不但与螺纹旋向有关，而且在分别测量同一螺纹对径位置上的两个牙侧时，应该反向（立柱倾斜方向相反）。图 19-1 所示为测量右旋螺纹时立柱应该倾斜的两个方向。当测量图 19-1 中的 A 位置时，立柱同物镜一起向左倾斜；当测量图 19-1 中 B 位置时，立柱同物镜一起向右倾斜。当测量左旋螺纹时，立柱倾斜方向与上述方向相反。

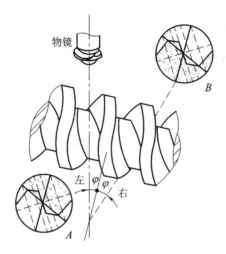

图 19-1　测量右旋螺纹时立柱应该倾斜的两个方向

螺旋升角 φ 可按下式计算

$$\tan\varphi = \frac{nP}{\pi d_2}$$

式中，P 为螺距；n 为螺纹线数；φ 为螺旋升角；d_2 为中径。

上述各种事项均需认真对待，否则将引起较大测量误差。

现就中径、螺距、半角的测量分别叙述如下。

1）中径测量

对于奇数头螺纹，其实际中径等于轴向截面内任一对径位置上两个牙侧在垂直于轴线方向上的距离。因此，测量中径时首先要在纵横两个方向移动工作台，使目镜中米字线的

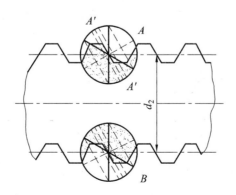

图 19-2　测量中径示意图

中虚线 A'—A' 与某一牙侧的影像边缘重合对准，且米字线的交点约在牙侧中部，见图 19-2 中的 A 位置，记下横向（y 方向）第一个读数。然后纵向（x 方向）位置不动，横向移动工作台使虚线 A'—A' 至图 19-2 中 B 位置，记下横向第二个读数。两次横向读数之差即为实际中径。

注意，米字线从 A 位置移动到 B 位置时，应将立柱反向倾斜。

由于零件安装于顶尖时，零件轴线与工作台的纵向移动方向可能不平行（称安装误差），如图 19-3 所示，因此任意测量一个中径值就将其作为测量结果，必将带来测量误差。从图中可以看出 $d_2' < d_{2\text{实}}$，$d_2'' > d_{2\text{实}}$。为减少安装误差对测量结果的影响，对普通螺纹需分别测出 d_2' 及 d_2''，取二者的平均值作为实际中径 $d_{2\text{实}}$，即

$$d_{2\text{实}} = \frac{d_2' + d_2''}{2}$$

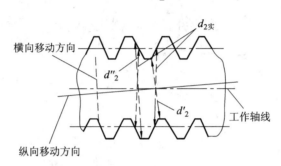

图 19-3　中径测量误差示意图

2）螺距测量

螺距是相邻两牙的同侧牙侧在中径线上的轴向距离。由此可知，螺距的测量与中径的测量方法类似，只是螺距测量要保持工作台横向位置不变，仅做纵向移动。相邻两牙实际螺距为相应两次纵向读数之差，如图 19-4 所示。

同样，为了消除被测螺纹的安装误差对测量结果的影响，对普通螺纹需分别测出 $P_\text{左}$、$P_\text{右}$ 并取其平均值作为实际螺距 $P_\text{实}$，如图 19-5 所示，即

$$P_\text{实} = \frac{P_\text{左} + P_\text{右}}{2}$$

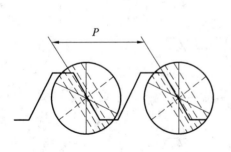

图 19-4　螺距测量示意图

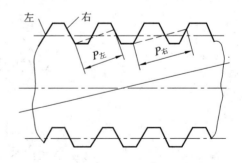

图 19-5　实际螺距测量

3）牙型半角测量

牙型半角 $\alpha/2$ 是在螺纹轴向截面内牙侧与螺纹轴线的垂线间的夹角。通常，牙型半角

的测量在螺距或中径测量过程中同时进行，即当中虚线与牙侧影像对准重合后，从测角读数目镜中读取角度数。

同样，为消除工件安装误差对测量结果的影响，对普通螺纹需分别测出 $\frac{\alpha}{2}$ Ⅰ、$\frac{\alpha}{2}$ Ⅱ、$\frac{\alpha}{2}$ Ⅲ 和 $\frac{\alpha}{2}$ Ⅳ，并分别计算左、右牙型半角的平均值，如图 19 - 6 所示。

牙型半角的测量结果为

$$\frac{\alpha}{2} \text{左} = \frac{\frac{\alpha}{2}\text{Ⅰ} + \frac{\alpha}{2}\text{Ⅳ}}{2}$$

$$\frac{\alpha}{2} \text{右} = \frac{\frac{\alpha}{2}\text{Ⅱ} + \frac{\alpha}{2}\text{Ⅲ}}{2}$$

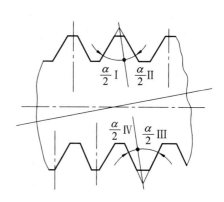

图 19 - 6　牙型半角测量示意图

2. 仪器结构

图 19 - 7 为万能工具显微镜外形图。仪器有两个拖板。纵向拖板 11 上装有顶尖座 2 和平工作台 3，它可沿 x 方向移动，移动量由纵向读数装置 10 读取。件 12 为纵向移动装置。横向拖板 4 上装有立柱 7 及主显微镜 6(也称物镜或测角目镜)，测量零件时件 6 主要起瞄准作用。件 13 为横向移动装置，移动量由横向读数装置 9 读取。件 5 为立柱倾斜手轮，可使立柱左、右倾斜，测量螺纹零件时使用。件 8 为光圈调节环。仪器备有光圈与直径对照表，测量圆柱或螺纹零件时使用。

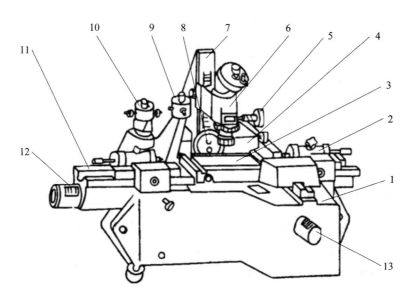

1—基座；2—顶尖座；3—平工作台；4—横向拖板；5—立柱倾斜手轮；6—测角目镜；
7—立柱；8—光圈调节环；9—横向读数装置；10—纵向读数装置；11—纵向拖板；
12—纵向移动装置；13—横向移动装置

图 19 - 7　万能工具显微镜外形图

如上所述，工具显微镜为一直角坐标测量系统，由于其备有多种辅件，因此可以完成复杂的测量工作，如螺纹测量等。

四、实验步骤

（1）转动主显微镜上的目镜视度调节环，使目镜中的米字线清晰可见。

（2）利用对焦杆调节好物镜焦距。

（3）将被测丝杠安装在仪器两顶尖之间。转动光圈调节环至所需光圈数位置。

注意，对于丝杠测量，左、右螺距不能取平均值。左、右半角也不能取平均值。因此在进行丝杠测量时，必须精确找正丝杠的位置，以尽可能减少安装误差对测量结果的影响。此步骤由指导教师具体进行指导。

（4）按实验报告的要求，进行螺距和半角的测量。此步骤的仪器操作见本实验的螺纹测量介绍。

（5）进行螺距偏差的计算或图解。

对于丝杠螺距偏差，包括单个螺距偏差和螺距累积偏差，它们均可通过计算或图解得到，具体方法请见数据处理。

（6）判断丝杠合格性。合格条件为半角下偏差≤半角偏差≤半角上偏差。

实验二十　三针法测量外螺纹单一中径

一、实验目的

掌握用三针法测量螺纹中径的原理和方法。

二、实验设备及测量内容

实验用杠杆千分尺的主要技术规格：刻度值 0.001 mm，测量范围 0～25 mm、25～50 mm。

应用杠杆千分尺三针法测量螺纹的实际中径。

三、实验仪器及测量原理

三针法测量螺纹中径是间接测量法，它是测量螺纹中径比较精密的一种方法。测量时，将三根等直径的精密量针对称地放在被测螺纹的牙槽中，如图 20-1 所示。然后用具有两个平行测量面的接触式量具或仪器测出跨线尺寸 M。例如，外径百分尺、杠杆千分尺、各种形式的比较仪、测长仪等。

本实验采用杠杆千分尺测量外螺纹的单一中径，杠杆千分尺和悬挂式二针测量螺纹中径的装置如图 20-2 所示。杠杆千分尺与外径千分尺有些相似，由螺旋测微部分和杠杆齿轮机构部分组成。杠杆千分尺的测量范围有 0～25 mm、25～50 mm、50～75 mm、75～100 mm 四种，螺旋测微部分的活动刻度筒 4 的分度值为 0.01 mm；杠杆齿轮机构部分的

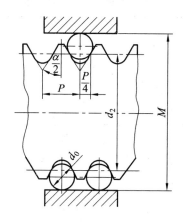

图 20-1 用三针法测量螺纹中径

分度值为 0.001 mm 或 0.002 mm，由指示表 7 指示其示值。杠杆千分尺的示值是千分尺固定刻度筒 3 的示值、活动刻度筒 4 的示值和指示表 7 的示值三者之和。

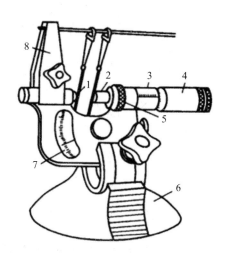

1—固定量针；2—测杆；3—固定刻度筒；4—活动刻度筒；

5—活动量针锁紧环；6—尺座；7—指示表；8—三针挂架

图 20-2 杠杆千分尺和悬挂式二针测量螺纹中径的装置

螺径中径 d_2 计算公式：

$$d_2 = M - d_0 \left[1 + \frac{1}{\sin\frac{\alpha}{2}} \right] + \frac{P \cot\frac{\alpha}{2}}{2} \ (\text{mm})$$

式中，d_2 为螺纹单一中径，mm；M 为测量得到的尺寸值，mm；d_0 为量针直径，mm；α 为螺纹牙型角，(°)；P 为螺纹公称螺距，mm。

常用螺纹三针法测量单一中径的计算公式见表 20-1。

表 20-1 三针法测量单一中径的计算公式 mm

螺纹类型	d_2 计算公式	三针直径
普通螺纹 α 为 60°	$d_2 = M - 3d_0 + 0.866P$	$d_0 = 0.57735P$
英制螺纹 α 为 55°	$d_2 = M - 3.1657d_0 + 0.9605P$	$d_0 = 0.56369P$
梯形螺纹 α 为 30°	$d_2 = M - 4.8637d_0 + 1.866P$	$d_0 = 0.51764P$
圆柱管螺纹 α 为 55°	$d_2 = M - 3.1657d_0 + 0.9605P$	$d_0 = 0.56369P$

在测量时,当量针与螺纹的接触点正好位于螺纹中径的外圆柱面时,螺纹的半角误差将不影响测量结果,满足这一要求的量针直径称为最佳直径,量针最佳直径可按下式计算:(最佳三针计算图如图 20-3 所示)

$$d_0 = \frac{P}{2\cos\frac{\alpha}{2}} \text{(mm)}$$

当 $\alpha = 60°$ 时,$d_0 = 0.577P$(mm)。

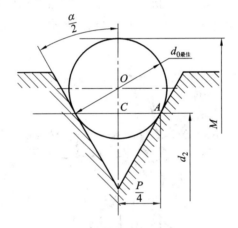

图 20-3 最佳三针计算图

在实际应用时,最佳量针直径可由表 20-2 查得,如没有与最佳直径相等的量针,可选用直径略微大一些的量针。

表 20-2 三针法测量公制螺纹的最佳量针直径 (mm)

螺距 P	量针最佳直径 d_0	螺距 P	量针最佳直径 d_0	螺距 P	量针最佳直径 d_0	螺距 P	量针最佳直径 d_0
0.2	0.118	0.5	0.291	1.25	0.742	3.5	2.020
0.25	0.142	0.6	0.343	1.5	0.866	4.0	2.311
0.3	0.170	0.7	0.402	1.75	1.008	4.5	2.595
0.35	0.201	0.75	0.433	2.0	1.157	5.0	2.866
0.4	0.232	0.8	0.461	2.5	1.441	5.5	3.177
0.45	0.260	1.0	0.572	3.0	1.732	6.0	3.468

目前量针的形式有座砧式和悬挂式两种(见图 20-4)。本实验用悬挂式量针。

量针有两个精度等级:0 级用于测量中径公差 Td_2 大于等于 4 μm 或小于等于 8 μm 的螺纹量规或工件;1 级用于测量中径公差 Td_2 大于 8 μm 的螺纹量规或工件。

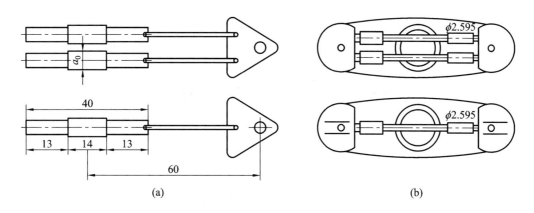

图 20 - 4　量针

（a）悬挂式量针；（b）座砧式量针

四、实验步骤

（1）根据被测螺纹查出其中径的允许偏差。

（2）根据被测件的螺距，选择最佳直径的量针。

（3）在尺座上安装杠杆千分尺和三针。

（4）擦净仪器和被测螺纹，校正杠杆千分尺的零位。

（5）按图 20 - 1 位置将三针放在被测螺纹工件的牙凹中，转动杠杆千分尺的活动刻度筒 4，使两测头与三针接触，读出尺寸 M 的值。

（6）在螺纹旋合长度内，互相垂直的两个截面上测量，每个截面测三个 M 值。读数时，要轻轻摆动被测螺纹，找到正确的位置进行读数，并记入实验报告。

（7）整理实验报告，按实测的 M 值，计算出被测螺纹的实际中径 d_2，并做适用性结论。

（8）清理量仪，整理现场。

第六部分　齿　轮　测　量

实验二十一　齿轮齿厚偏差的测量

一、实验目的

(1) 熟悉齿轮分度圆齿厚的测量原理和方法。

(2) 了解分度圆齿厚对齿轮副侧隙的影响。

二、实验内容

(1) 应用齿厚卡尺测量分度圆齿厚。

(2) 用游标卡尺(或百分尺)测量齿顶圆直径，用以修正分度圆齿高。

三、实验设备

齿厚卡尺、游标卡尺等。

实验用齿厚卡尺的主要技术规格：分度值为 0.02 mm，测量齿轮模数范围 m 为 1～16。

四、实验方法

为保证齿轮在传动中形成有侧隙的传动，主要是通过在加工齿轮时，将齿条刀具由公称位置向齿轮中心做一定位移，使加工出来的轮齿的齿厚也随之减薄，因而可测量齿厚来反映齿轮传动时齿侧间隙大小，通常是测量分度圆上的弦齿厚。分度圆弦齿厚可用齿轮游标卡尺，以齿顶圆作为测量基准来测量(见图 21-1)。图中，E_{sns}、E_{sni}、T_{sn} 分别为齿厚上偏差、齿厚下偏差和齿厚公差。测量时，所需数据可用下列公式计算或查表 21-1。

标准直齿圆柱齿轮($\alpha = 20°$)分度圆上公称弦齿高 $\bar{h}$ 与公称弦齿厚 $\bar{s}$ 分别为

$$\bar{h} = m\left[1 + \frac{z}{2}\left(1 - \cos\frac{90°}{z}\right)\right], \quad \bar{s} = mz\,\sin\frac{90°}{z}$$

为了使用方便，按上式计算出模数 $m = 1$ mm 时各种不同齿数齿轮的 $\bar{h}$ 和 $\bar{s}$，列于表 21-1 中。

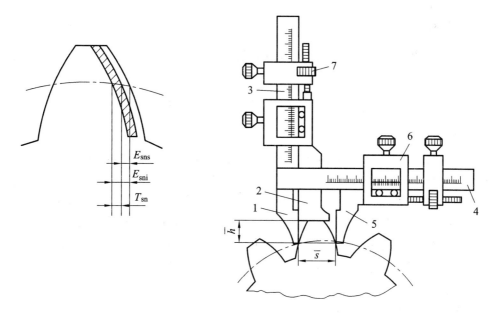

1—固定量爪；2—高度定位板；3—垂直游标尺；4—水平游标尺；

5—活动量爪；6—游标框架；7—调整螺母

图 21-1 齿轮游标卡尺测分度圆齿厚

表 21-1 $m=1$ mm 时标准齿轮分度圆公称弦齿高 $\bar{h}$ 和公称弦齿厚 $\bar{s}$ 的数值

齿数 z	$\bar{h}$/mm	$\bar{s}$/mm	齿数 z	$\bar{h}$/mm	$\bar{s}$/mm
17	1.0363	1.5686	34	1.0181	1.5702
18	1.0342	1.5688	35	1.0176	1.5703
19	1.0324	1.5690	36	1.0171	1.5703
20	1.0308	1.5692	37	1.0167	1.5703
21	1.0294	1.5693	38	1.0162	1.5703
22	1.0280	1.5694	39	1.0158	1.5704
23	1.0268	1.5695	40	1.0154	1.6704
24	1.0257	1.5696	41	1.0150	1.5704
25	1.0247	1.5697	42	1.0146	1.5704
26	1.0237	1.5698	43	1.0143	1.5704
27	1.0228	1.5698	44	1.0140	1.5705
28	1.0220	1.5700	45	1.0137	1.5705
29	1.0212	1.5700	46	1.0134	1.5705
30	1.0205	1.5701	47	1.0131	1.5705
31	1.0199	1.5701	48	1.0128	1.5705
32	1.0193	1.5702	49	1.0126	1.5705
33	1.0187	1.5702			

注：对于其他模数的齿轮，则将表中数值乘以模数。

五、实验步骤

（1）根据被测齿轮的参数和对齿轮的精度要求，按上述公式计算 $\bar{h}$、$\bar{s}$（或从表 21-1 中查取）。

（2）用外径千分尺测量齿轮齿顶圆实际直径 $d_{a实际}$，按 $\overline{h'}=\left[\bar{h}+\dfrac{1}{2}(d_{a实际}-d_a)\right]$ 得修正的 $\bar{h}$ 值，即 $\overline{h'}$。

（3）按 $\overline{h'}$ 值调整游标卡尺的高度定位板 2 的位置，然后将其游标加以固定。

（4）将游标卡尺置于被测轮齿上，使高度定位板 2 与齿轮齿顶可靠地接触。然后移动水平游标尺 4 的活动量爪 5，使它和另一量爪分别与轮齿的左、右齿面接触（齿轮齿顶与垂直游标尺的高度定位板 2 之间不得出现空隙），从水平游标尺 4 上读出弦齿厚实际值 $\bar{s}_{实际}$。

在相对 180°分布的两个齿上测量。测得的齿厚实际值 $\bar{s}_{实际}$ 与齿厚公称值 $\bar{s}$ 之差即为齿厚偏差 E_{sn}。取其中的最大值和最小值作为测量结果。按实验报告要求将测量结果填入报告内。

（5）按齿轮图上给定的齿轮参数（模数、齿数、压力角精度等级），查找相应的国家标准 GB/T 10095—2001，确定对应的单个齿距偏差 f_{pt} 极限值，根据表 21-2 查出齿厚极限偏差计算公式，计算出齿厚上偏差 E_{sns} 和下偏差 E_{sni}，并判断被测齿轮的合格性。

（6）完成实验报告，做出适用性结论。

（7）擦净测量仪及工具，整理现场。

表 21-2　齿厚极限偏差

$C=+f_{pt}$	$F=-4f_{pt}$	$J=-10f_{pt}$	$M=-20f_{pt}$	$R=-40f_{pt}$
$D=0$	$G=-6f_{pt}$	$K=-12f_{pt}$	$N=-25f_{pt}$	$S=-50f_{pt}$
$E=-2f_{pt}$	$H=-8f_{pt}$	$L=-16f_{pt}$	$P=-32f_{pt}$	

注：齿厚极限偏差是根据齿轮图纸要求，先从相关标准中查出对应等级的 f_{pt} 值，然后套用表中公式，即可得出该齿轮的齿厚极限偏差。例如，某齿轮的精度等级为 8FL GB/T 10095—2001，则表明该齿轮的检验项目精度等级均为 8 级，齿厚极限偏差的上偏差为 F，下偏差为 L。计算时，先根据齿轮的模数和齿数计算出分度圆直径，然后根据分度圆直径、模数、精度等级 8 级在相应 GB/T 10095—2001 标准中查出对应的 f_{pt} 值，利用表中公式 $F=-4f_{pt}$、$L=-16f_{pt}$ 计算，即可得到相应的齿厚极限上偏差 E_{sns} 和下偏差 E_{sni}。

实验二十二　齿轮公法线长度偏差的测量

一、实验目的

（1）掌握齿轮公法线长度的测量方法。

（2）了解公法线长度偏差 E_w 的意义和评定方法。

二、实验内容

用公法线千分尺测量所给齿轮的公法线长度。

三、实验设备

实验用公法线千分尺的主要技术规格：分度值为 0.01 mm，测量范围为 25～50 mm。

四、实验方法

公法线长度 W 是指与两异名齿廓相切的两平行平面间的距离（见图 22-1），该两切点的连线切于基圆，因而选择适当的跨齿数，则可使公法线长度在齿高中部量得。与测量齿厚相比较，测量公法线长度时测量精度不受齿顶圆直径偏差和齿顶圆柱面对齿轮基准轴线的径向圆跳动的影响。

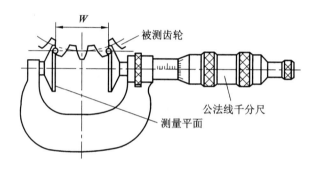

图 22-1　公法线千分尺

齿轮公法线长度根据不同精度的齿轮，可用游标卡尺、公法线千分尺、公法线指示卡规和专用公法线卡规等任何具有两平行平面量脚的量具或仪器进行测量，但必须使量脚能插进被测齿轮的齿槽内，且与齿侧渐开线面相切。

1. 公法线的公称长度

公法线长度偏差 E_w 是指实际公法线长度与公称公法线长度 W_k 之差，直齿轮的公称公法线长度按下式计算：

$$W_k = m \cos\alpha_f [\pi(k - 0.5) + z \operatorname{inv}\alpha_f] + 2\xi m \sin\alpha_f$$

式中，m 为被测齿轮模数；α_f 为被测齿轮分度圆压力角；z 为被测齿轮齿数；ξ 为齿轮变位系数；inv 为渐开线函数，$\operatorname{inv}20° = 0.014$；$k$ 为跨齿数。

当 $\alpha_f = 20°$，$\xi = 0$ 时，k 和 W_k 分别按下列公式计算：

$$k = \frac{z}{9} + 0.5（取成整数）$$

$$W_k = m[1.476(2k - 1) + 0.014z]$$

为了使用方便，对于 $\alpha = 20°$、$m = 1$、$\xi = 1$ 的标准直齿圆柱齿轮，将按上述公式计算出的 k 和 W_k 列于表 22-1 中。

表 22 - 1　标准直齿圆柱齿轮的跨齿数和公称公法线长度的公称值（$\alpha=20°$，$m=1$，$\xi=1$）

齿数 z	跨齿数 k	公称公法线长度 W_k/mm	齿数 z	跨齿数 k	公称公法线长度 W_k/mm
17	2	4.666	34	4	7.744
18	3	7.632	35	4	10.823
19	3	7.646	36	5	13.789
20	3	7.660	37	5	13.803
21	3	7.674	38	5	13.817
22	3	7.688	39	5	13.831
23	3	7.702	40	5	13.845
24	3	7.716	41	5	13.859
25	3	7.730	42	5	13.873
26	3	7.744	43	5	13.887
27	4	10.711	44	5	13.901
28	4	10.725	45	5	16.867
29	4	10.739	46	6	16.881
30	4	10.753	47	6	16.895
31	4	10.767	48	6	16.909
32	4	10.781	49	6	16.923
33	4	10.795			

注：对于其他模数的齿轮，则将表中 W 的数值乘以模数即可。

2. 公法线平均长度的上偏差、下偏差及公差

上偏差　　　$E_{bns}=E_{sns}\cos\alpha-0.72F_r\sin\alpha$

下偏差　　　$E_{bni}=E_{sni}\cos\alpha-0.72F_r\sin\alpha$

公差　　　　$T_{bn}=T_{sn}\cos\alpha-2\times0.72F_r\sin\alpha$

式中，E_{sns} 为齿厚上偏差；E_{sni} 为齿厚下偏差；E_{bns} 为公法线长度上偏差；E_{bni} 为公法线长度下偏差；T_{sn} 为齿厚公差；T_{bn} 为公法线长度公差；F_r 为齿圈径向跳动公差；α 为压力角。

五、实验步骤

（1）根据被测齿轮参数和精度及齿厚要求计算 W、k、E_{bns}、E_{bni} 的值。

（2）熟悉量具，并调试（或校对）零位：用标准校对棒放入公法线千分尺的两测量面之间校对零位，记下校对格数。

（3）跨相应的齿数，沿着轮齿三等分的位置测量公法线长度，记入实验报告。

（4）整理测量数据，并给出适用性结论。

（5）实验结束，清洗量具，整理现场。

实验二十三 齿轮径向跳动公差的测量

一、实验目的

（1）掌握齿轮径向跳动的测量原理和测量方法。

（2）熟悉用齿轮径向跳动公差 F_r 评定齿轮精度。

二、实验内容

应用普通偏摆检查仪及标准圆柱测量齿轮的径向跳动。

三、实验设备

偏摆检查仪主要技术规格：可测齿轮最大直径为 260 mm，指示表示值范围为 $0\sim$ 5 mm，指示表分度值为 0.01 mm。

四、实验方法

齿轮径向跳动公差 F_r 是指在齿轮一圈范围内，测量头在齿槽内或轮齿上与齿高中部双面接触，测量头相对于齿轮轴心线的最大变动量。

齿轮径向跳动可在专用测量仪上用锥形或 V 形测量头与齿轮的齿面在分度圆处相接触测量（见图 23-1(a)、(b)），亦可在普通偏摆仪上用一适当直径的标准圆柱放在齿槽中测量（见图 23-1(c)）。

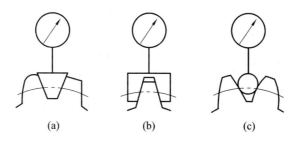

图 23-1 各种测量头示意图

（a）锥形测量头；（b）V 形测量头；（c）标准圆柱

标准圆柱的直径可从表 23-1 中查得或按下式计算：

$$d = 1.68m_n(\text{mm})$$

表 23-1 标准圆柱直径的选择

齿轮法向模数 m_n/mm	1	1.25	1.5	1.75	2	3	4	5
标准圆柱直径 d/mm	1.7	2.1	2.5	2.9	3.4	5	6.7	8.4

本实验是在普通偏摆仪上用标准圆柱进行测量（见图 23-2）。它是将圆柱放在齿槽内，齿轮绕其基准轴线旋转一周时，指示针上最大与最小读数差即为齿轮的径向跳动公差 $F_r = \Delta_{max} - \Delta_{min}$。

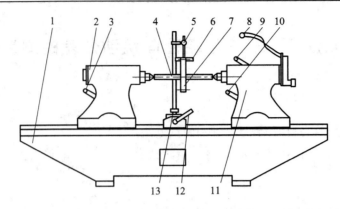

1—底座；2—固定顶尖座；3、9、10、12—紧定手把；4—心轴；5—百分表；

6—标准圆柱；7—齿轮；8—球头手柄；11—活动顶尖座；13—指示表架

图 23-2　用偏摆仪测量齿圈径向跳动

五、实验步骤

（1）熟悉仪器的结构原理和操作程序。

（2）根据被测齿轮的参数、精度要求，查表 23-2 得齿轮径向跳动公差 F_r 的值。

表 23-2　齿轮径向跳动公差 F_r 值（摘自 GB/T 10095.2—2001）

分度圆直径 d/mm	法向模数 m_n/mm	精度等级										
		2	3	4	5	6	7	8	9	10	11	12
		径向跳动公差 F_r/μm										
50<d≤125	0.5≤m_n≤2	5.0	7.5	10	15	21	29	42	59	83	118	167
	2<m_n≤3.5	5.5	7.5	11	15	21	30	43	61	86	121	171
	3.5<m_n≤6	5.5	8.0	11	16	22	31	44	62	88	125	176

（3）将被测齿轮套在专用的心轴 4 上，安装在偏摆检查仪的顶尖间。齿轮心轴与仪器顶尖间松紧应恰当，以能转动而没有轴向窜动为宜（注：根据心轴长度调整好两顶尖座 2、11 后，固紧固定顶尖座 2，以后用手下压球头手柄 8 来装卸工件）。

（4）根据被测齿轮模数选择标准圆柱 6 的直径：$m=5$，取 $\phi=8.4$ mm；$m=4$，取 $\phi=6.72$ mm。

（5）将标准圆柱 6 放入被测齿轮的齿间，标准圆柱 6 需处于两顶尖的连线上。移动指示表架 13，使指示表测量头与标准圆柱的最高点接触，且使指示表有一定的压缩量（约一圈）。转动指示表表壳，使指针在零附近，固定好表架 13。

（6）微转齿轮（来回微转）使标准圆柱的最高点与指示表头接触，读出指示表上的最大读数值。

（7）以此法顺时针或逆时针方向旋转被测齿轮，逐齿测量，在回转一圈后，指示表的"原点"应不变（如有较大变化，需检查原因），在一圈中各齿在指示表上的最大读数与最小读数之差即被测齿轮的径向跳动量。

（8）写出实验报告，做适用性结论。

（9）清洗测量仪、工件，整理现场。

第七部分　先进测量技术

实验二十四　三坐标测量机测量零件的曲线轮廓尺寸

一、实验目的

了解三坐标测量机的测量原理和方法。

二、实验内容

熟悉用三坐标测量机测量带曲面的零件轮廓的测量过程及操作步骤。

三、实验设备

三坐标测量机(如图 24-1 所示)在 x、y、z 三个坐标方向都有导向机构，被测零件安

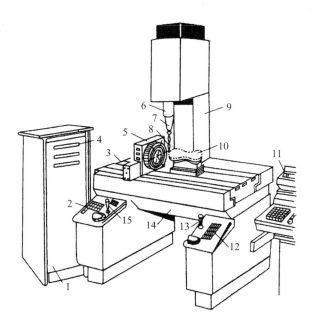

1—电器控制箱；2—操作键盘；3—工作台；4—数字显示器；5—分度头；6—测轴；7—三维测头；
8—测量针；9—立柱；10—工件；11—记录仪、打印机等外部设备；12—程序调用键盘；
13、15—控制 x、y、z 三个运动方向的操作手柄；14—机座

图 24-1　悬臂式三坐标测量机

放在工作台 3 上，三维测头 7 在各测量点移动，通过数字显示器或计算机将 x、y、z 三个方向的坐标值显示出来。

四、测量原理

图 24-1 为悬臂式三坐标测量机，它的三个测量方向互成直角，纵向运动方向为 x 方向(称 x 轴)，横向运动方向为 y 方向(称 y 轴)，垂直运动方向为 z 方向(称 z 轴)，z 轴固定在悬臂 y 轴上，跟 y 轴一起做横向前后移动。测量时，操作控制手柄 13、15，此时，测量机的三维测头 7 带动测量针 8 在被测零件各测量点间移动，数字显示器 4 将 x、y、z 三个方向的坐标值显示出来，同时打印机也做出相应的反应。

五、实验步骤

三坐标测量机的测量方法是将加工好的零件与图样进行模拟比较，通过软件控制测量传感装置，进行连续测量，现以带有曲面的零件为例进行介绍。

(1) 将工件 10 安放在工作台 3 上，并用计算机找正。此时零件的坐标系为 x_w、y_w、z_w。

(2) 以标准量(量块)校准测头。

(3) 启动程序调用键盘 12，将零件坐标系中的基准点坐标输入计算机。

(4) 将测轴 6 移动到测量位置(测量机测头坐标系为 x_M、y_M、z_M)。

(5) 操作控制手柄 13、15，控制测头 x、y、z 三个运动方向。

(6) 控制三维测头 7，带动测量针 8 在被测零件的曲面各测量点间移动，对零件轮廓进行连续扫描测量。

(7) 观察数字显示器 4 所显示的坐标读数值。

(8) 获取打印记录。

注意事项：

(1) 数字显示测量机一般采用光栅或感应同步器，也有采用磁尺或激光干涉仪的。采用光栅的测量精度在 $1\sim10~\mu\mathrm{m}$，采用感应同步器及磁尺的测量精度在 $2\sim10~\mu\mathrm{m}$，采用激光干涉仪的测量精度为 $0.1~\mu\mathrm{m}$。

(2) 三坐标测量机的计算机可以自动找正、自动进行坐标转换、自动进行数据处理，并可以储存一定数量的数据。三坐标测量机可以在空间相互垂直的三个坐标上对长度、位置度、几何轮廓、空间曲面等复杂零件进行高质量、高精度、高效率测量，有利于缩短加工机床停机测量时间，便于与加工中心配套使用。由于三坐标测量机价格昂贵，中小企业应用很少。

附录　互换性与技术测量实验守则

　　实验是巩固课堂教学，培养实际工作能力的重要方法。本实验守则旨在使学生爱护实验设备、掌握正确的实验方法和认真进行实验操作，以保证实验质量。

　　(1) 实验前按实验指导书有关内容进行预习，了解本节实验的目的、要求和测量原理。

　　(2) 按规定的时间到达实验室。入室前，掸去衣帽上的灰尘，穿好工作服和拖鞋。除与本节实验有关的书籍和文具外，其他物品不得带入室内。

　　(3) 实验室内应保持整洁、安静，严禁吸烟，不准乱扔垃圾，不准随地吐痰。

　　(4) 开始做实验之前，应在教师指导下，对照量具量仪，了解它们的结构和调整、使用方法。

　　(5) 做实验时，必须经教师同意后方可使用量具量仪。在接通电源时，要特别注意量仪所要求的电压和所使用的变压器。实验中要严肃认真，按规定的操作步骤进行测量，并及时记录数据，切勿用手触摸量具量仪的工作表面和光学镜片。

　　(6) 要爱护实验设备，节约使用消耗性用品。若量具量仪发生故障，应立即报告教师进行处理，不得自行拆修。

　　(7) 凡与本节实验无关的量具量仪，均不得动用或触摸。

　　(8) 对量具量仪的测量面、精密金属表面和测量头、被测工件，要先用优质汽油洗净，再用脱脂棉擦干后方可使用。测量结束后要再清洁这些表面，并均匀涂上防锈油。

　　(9) 实验完毕，要切断量仪的电源，清理实验场地，将所用的实验设备整理好，放回原处，认真书写实验报告。经教师同意后，方可离开实验室。

　　(10) 凡不遵守实验守则且经指出而不改正者，教师有权停止其进行实验。若情节严重，对实验设备造成损坏者，应负赔偿责任，并给予处分。

参 考 文 献

［1］　杨好学. 互换性与技术测量. 西安：西安电子科技大学出版社，2013.

［2］　杨武成，孙俊茹. 互换性与技术测量实验指导书（含实验报告）. 西安：西安电子科技大学出版社，2009.

［3］　甘永立. 几何量公差与检测实验指导书. 5 版. 上海：上海科学技术出版社，2005.

［4］　张彩霞，赵正文. 图解机械测量入门 100 例. 北京：化学工业出版社，2011.

［5］　卢桂萍，李平. 互换性与技术测量实验指导书. 武汉：华中科技大学出版社，2012.

［6］　马德成. 机械零件测量技术及实例. 北京：化学工业出版社，2012.

［7］　徐红兵. 几何量公差与检测实验指导书. 北京：化学工业出版社，2006.

［8］　于春泾，齐宝玲. 几何量测量实验指导书. 北京：北京理工大学出版社，1992.

［9］　赵熙萍. 机械精度设计与检测基础实验指导书. 哈尔滨：哈尔滨工业大学出版社，2003.

［10］　甘永立. 几何量公差与检测. 6 版. 上海：上海科学技术出版社，2004.

［11］　李柱，徐振高，蒋向前. 互换性与测量技术. 北京：高等教育出版社，2004.

目　　录

实验一　常用量具测量长度

仪器量具名称：_____

仪表分度值：_____　仪器测量范围：_____

被测零件名称：_____　基本尺寸：_____

测 量 简 图	

测　量　过　程　记　录
测量过程简述：

测　量　数　据　记　录			
序　号			
测量值			
序　号			
测量值			

结 论	
	年　　月　　日

1

实验二　杠杆齿轮式机械比较仪测量长度

仪表分度值：_____　仪器测量范围：_____

被测零件名称：_____　基本尺寸：_____

测量简图	

测 量 过 程 记 录

块规尺寸：

测量过程简述：

测 量 数 据 记 录

序　号				
测量值				

结论	

年　　月　　日

实验三　立式光学比较仪测量线性尺寸

仪器量具名称：＿＿＿＿＿＿＿＿＿	型号：＿＿＿＿＿＿＿＿＿
仪表分度值：＿＿＿＿＿＿＿＿＿	仪器测量范围：＿＿＿＿＿＿＿
被测零件名称：＿＿＿＿＿＿＿＿＿	基本尺寸：＿＿＿＿＿＿＿＿＿

<table>
<tr><td rowspan="2">测
量
简
图</td><td></td></tr>
<tr><td></td></tr>
</table>

测 量 过 程 记 录

块规尺寸：

测量过程简述：

测 量 数 据 记 录

序　号				
测量值				

结 论	

年　　月　　日

3

实验四　内径百分表测量孔径

内径百分表分度值：_____　内径百分表测量范围：_____

被测零件名称：_____　基本尺寸：_____

测量简图	

测 量 过 程 记 录
测量过程简述：

测 量 数 据 记 录				
测量截面	Ⅰ－Ⅰ		Ⅱ－Ⅱ	
测量方向	1－1	2－2	1－1	2－2
百分表读数				
零件实际尺寸				

结论	
	年　　月　　日

实验五 光滑极限量规检验工件

仪器量具名称：＿＿＿＿＿＿＿＿＿＿＿＿＿＿＿＿＿＿＿＿＿＿

仪表分度值：＿＿＿＿＿＿＿＿＿＿＿＿　仪器测量范围：＿＿＿＿＿＿＿＿＿＿

被测零件名称：＿＿＿＿＿＿＿＿＿＿＿＿　基本尺寸：＿＿＿＿＿＿＿＿＿＿

测量简图	

测 量 过 程 记 录

测量过程简述：

测 量 记 录				
序　号				
测量结果				

结论	

年　　月　　日

5

实验六 直线度误差的测量

仪器量具名称：＿＿＿＿＿＿＿＿＿＿＿ 型号：＿＿＿＿＿＿＿＿＿＿＿

仪表分度值：＿＿＿＿＿＿＿＿＿＿＿ 仪器测量范围：＿＿＿＿＿＿＿＿＿＿＿

被测零件名称：＿＿＿＿＿＿＿＿＿＿＿ 基本尺寸：＿＿＿＿＿＿＿＿＿＿＿

测量简图	

测 量 数 据 记 录(单位：　　)

桥板跨距 $L=$　　　　；被测要素长度 $l=$　　　　；被测表面分段数 $n=l/L=$

	a_0''	a_1''	a_2''	a_3''	a_4''	a_5''	a_6''	a_7''	a_8''	a_9''	a_{10}''
读数											
$a_0' = a_i'' - a_0''$											

把各点的角度值换为高度值 a_i(μm)　　　$a_i = 0.005 \times 1 \times c \times a_i'$　　(一般 $c = 1''$)

测量点	0	1	2	3	4	5	6	7	8	9	10
各点读数 a_i(μm)											
积累高度 $\Delta h_i = \sum\limits_{i=1}^{n} a_i$											
测量点相应的理想高度 $\Delta h_i' = \sum\limits_{i=1}^{n} a_i$											
直线度偏差 $\Delta_i = \Delta h_i - \Delta h_i'$											

平均值 $k = \dfrac{1}{n}\Delta h_n$　　　　　　　　　　　直线度 $\Delta =$

结论　　　　　　　　　　　　　　　　　　　　　　　　　　　　年　月　日

6

实验七　平面度误差的测量

测量方法：_____ 仪器量具名称：_____ 仪表分度值：_____

被测零件名称：_____ 平面度公差：_____

测量简图	公差带图

测 量 过 程 记 录

测量过程简述：

测 量 数 据 记 录

序号									
数据									
序号									
数据									

结论	
	年　月　日

实验八 圆度误差的测量

仪器量具名称：＿＿＿＿＿＿＿＿＿＿＿ 型号：＿＿＿＿＿＿＿＿＿＿＿

仪器测量范围：＿＿＿＿＿＿＿＿＿＿＿ 被测零件名称：＿＿＿＿＿＿＿＿＿

仪表分度值：＿＿＿＿＿＿＿＿＿＿＿

测量简图	

测 量 数 据 记 录

序号	测量方法	测量记录	公差值	误差值
1	两点法			$f = \dfrac{\Delta_{max}}{F_{av}}$
2	3s90°			=
3	3s120°			=

圆度误差 Δ =

结论	

年   月   日

实验九 平行度误差的测量

仪器量具名称：_____ 仪表分度值：_____

被测零件名称：_____ 平行度公差：_____

<table>
<tr><td rowspan="2">测
量
简
图</td><td>
模拟基准轴线</td><td>公差带图</td></tr>
</table>

测 量 过 程 记 录
测量过程简述：

测 量 数 据 记 录

<table>
<tr><td colspan="2">l =</td><td colspan="2">L =</td></tr>
<tr><td colspan="2">垂直方向</td><td colspan="2">水平方向</td></tr>
<tr><td colspan="2">指示表读数</td><td colspan="2">指示表读数</td></tr>
<tr><td>左边 h_1</td><td></td><td>左边 h_1</td><td></td></tr>
<tr><td>右边 h_2</td><td></td><td>右边 h_2</td><td></td></tr>
<tr><td>差值 Δh</td><td></td><td>差值 Δh</td><td></td></tr>
</table>

误差计算： $\Delta = \dfrac{l}{L} \cdot \Delta h$

<table>
<tr><td rowspan="2">结
论</td><td>垂直方向误差：
水平方向误差：</td></tr>
</table>

年　　月　　日

实验十　垂直度误差的测量

仪器量具名称：＿＿＿＿＿＿＿＿＿＿＿＿　仪表分度值：＿＿＿＿＿＿＿＿＿＿＿＿

被测零件名称：＿＿＿＿＿＿＿＿＿＿＿＿　垂直度公差：＿＿＿＿＿＿＿＿＿＿＿＿

测量简图		公差带图

测 量 过 程 记 录
测量过程简述：

测 量 数 据 记 录										
序号										
数据										

测 量 结 果					
误差值		给定长度		垂直度关系	

结论	
	年　　月　　日

10

实验十一　径向圆跳动与轴向圆跳动误差的测量

顶尖座的最大中心距：_____顶尖座的中心高度：_____

仪表分度值：_____仪器测量范围：_____

径向圆跳动公差：_____轴向圆跳动公差：_____

测量简图	

测 量 过 程 记 录	

测量过程简述：

测 量 结 果					
径向圆跳动			轴向圆跳动		
指示表读数	断　面		指示表读数	a 面	b 面
	a－a	b－b			
最大			最大		
最小			最小		
跳动量			跳动量		

结论	
	年　　月　　日

实验十二　比较法测量表面粗糙度 *Ra*

仪器量具名称：_____	仪表分度值：_____
仪器测量范围：_____	被测零件名称：_____

<table>
<tr><td colspan="2" align="center">测 量 过 程 记 录</td></tr>
<tr><td colspan="2">测量过程简述：

</td></tr>
</table>

<table>
<tr><td colspan="4" align="center">测 量 数 据 记 录</td></tr>
<tr>
<td colspan="2" align="center">测量对象</td>
<td align="center">取样长度 l_r</td>
<td align="center">评定长度 l_n</td>
<td align="center">测量值 $Ra/\mu m$</td>
</tr>
<tr>
<td colspan="2" align="center">校对表面粗糙度的
标准样板</td>
<td></td>
<td></td>
<td></td>
</tr>
<tr>
<td rowspan="5" align="center">被测工件的
不同位置</td>
<td align="center">1</td><td></td><td></td><td></td>
</tr>
<tr><td align="center">2</td><td></td><td></td><td></td></tr>
<tr><td align="center">3</td><td></td><td></td><td></td></tr>
<tr><td align="center">4</td><td></td><td></td><td></td></tr>
<tr><td align="center">5</td><td></td><td></td><td></td></tr>
<tr>
<td align="center">结
论</td>
<td colspan="3">表面粗糙度 $Ra=$

　　　　　　　　　　　　　　　　　　　年　　月　　日</td>
</tr>
</table>

实验十三　光切显微镜测量表面粗糙度 Rz

<table>
<tr><td colspan="3">仪器量具名称：_____　　物镜放大倍数：_____</td></tr>
<tr><td colspan="3">仪器测量范围：_____　　被测零件名称：_____</td></tr>
</table>

取样长度 $l_r=$ _____　　评定长度 $l_n=$ _____

物镜的视野范围直径：_____

目镜分厘尺的刻度值 i 的测定

$Z=$ _____　　$A_1=$ _____　　$A_2=$ _____

$$i=\frac{Z\times 0.01\times 1000}{2\,|A_1-A_2|}=$$ _____

测 量 过 程 记 录

测量过程简述：

测 量 数 据 记 录

取样长度	视场 1		视场 2		最大峰高 Z_p	最大谷深 Z_v	$Rz=i(Z_p-Z_v)$
	波峰 Z_p	波谷 Z_v	波峰 Z_p	波谷 Z_v			
1							
2							
3							
4							
5							

注：当视野直径等于取样长度时，可只测视场 1；当视野直径小于取样长度时，需移动工作台，继续测视场 2，满足一个取样长度为止。

结论	表面粗糙度 $Rz=$

年　　月　　日

实验十四　粗糙度仪测量表面粗糙度

仪器量具名称：＿＿＿＿＿＿＿＿＿＿	型号：＿＿＿＿＿＿＿＿＿＿
仪表校准值：＿＿＿＿＿＿＿＿＿＿	仪器测量范围：＿＿＿＿＿＿＿＿＿＿
被测零件名称：＿＿＿＿＿＿＿＿＿＿	粗糙度比较样板值：＿＿＿＿＿＿＿＿

测 量 过 程 记 录

测量过程简述：

测 量 数 据 记 录

测量对象		取样长度 l_r	评定长度 l_n	测量值 $Ra/\mu m$	测量值 $Rz/\mu m$
校对表面粗糙度的标准样板					
被测工件的不同位置	1				
	2				
	3				
	4				
	5				

结论	

年　　月　　日

14

实验十五 正弦规测量外圆锥的圆锥角

仪器量具名称：_____	量具规格：_____
仪表分度值：_____	被测零件名称：_____
公称锥角：_____	锥角公差：_____

根据公式计算块规组尺寸：$h = L_0 \sin 2\alpha =$ _____

测 量 简 图	

测 量 数 据 记 录

百分表示值 a 点　b 点	a、b 点 间距离 L	a、b 两点读数 之差 Δh	锥度偏差 $\Delta K = \Delta h / L$	锥角偏差 $\Delta 2\alpha = \Delta K / 0.0003$

计 算 内 容	

结 论	

年　　月　　日

15

实验十六 万能角度尺测量角度

角度尺分度值：_____

角度尺测量范围：_____

被测角度要求：_____

测量简图	

测 量 过 程 记 录	

测量过程简述：

测 量 数 据 记 录 (度、分、秒)			
零件名称		零件名称	
α_1		α_1	
α_2		α_2	
结论		结论	
	年 月 日		年 月 日

实验十七　螺纹千分尺测量外螺纹中径

仪器量具名称：＿＿＿＿＿＿＿＿＿＿＿＿＿＿＿＿＿＿＿＿＿＿＿＿＿＿

仪表分度值：＿＿＿＿＿＿＿＿＿＿＿　　仪器测量范围：＿＿＿＿＿＿＿＿＿＿

被测零件名称：＿＿＿＿＿＿＿＿＿＿＿　　基本尺寸：＿＿＿＿＿＿＿＿＿＿

测量简图	

测　量　过　程　记　录

测量过程简述：

测　量　数　据　记　录

序　号				
测量值				
序　号				
测量值				

结论	

年　　月　　日

实验十八　螺纹塞规和螺纹环规检验内、外螺纹

仪器量具名称：＿＿＿＿＿＿＿＿＿＿＿＿＿＿＿＿＿＿＿＿＿＿＿

量具规格：＿＿＿＿＿＿＿＿＿＿＿＿　　量具精度：＿＿＿＿＿＿＿＿＿＿＿＿

被测零件名称：＿＿＿＿＿＿＿＿＿＿　　基本尺寸：＿＿＿＿＿＿＿＿＿＿＿＿

测量简图	
	测 量 过 程 记 录

测量过程简述：

测 量 数 据 记 录

序　号			
测量结果			
序　号			
测量结果			

结论	
	年　　月　　日

实验十九　万能工具显微镜测量丝杠螺距偏差及牙型半角偏差

仪器量具名称：		型号：	
仪表分度值：		仪器测量范围：	

被测丝杠	单个螺距极限偏差	螺距累积极限偏差	牙型半角极限偏差

测量简图	

测量数据记录			
牙序	纵向读数值	单个螺距实测值	单个螺距偏差	螺距累积偏差
0				
1				
2				
3				
4				
5				
6				
7				
8				
9				
左半角(分)		右半角(分)	

测量结果	单个螺距偏差 ΔP/μm	螺距累积偏差 ΔP_t/μm	牙型半角偏差	
			左	右

结论	
	年　月　日

19

实验二十　三针法测量外螺纹单一中径

仪器量具名称：_____	型号：_____
仪表分度值：_____	仪器测量范围：_____
被测零件名称：_____	基本尺寸：_____
被测螺纹中径公差等级：_____	最佳三针直径 d_0：_____
中径基本尺寸：_____	中径最大极限尺寸：_____
中径最小极限尺寸：_____	所用百分尺刻度值及范围：_____

测量位置示意图	被测零件草图	单一中径公差带图

测 量 数 据 记 录

截　　　面			
测量方向			
百分尺读数 M			
实际中径 $d_{2实}$			

相关计算	公式：$d_{2实} = M - 3d_0 + 0.866P$ 计算 $d_{2实\,max} =$ $d_{2实\,min} =$

结论	

年　　　月　　　日

实验二十一　齿轮齿厚偏差的测量

仪器量具名称：_____　　　　仪表分度值：_____

被测齿轮参数：$z =$_____，$m =$_____，$\alpha =$_____精度等级：_____

齿顶圆直径 $d_a = (z + 2h_a^*)m = (z + 2)m =$　　　　　　　　　　　　　　　$(h_a^* = 1)$

齿顶圆实测直径 $d_{a实际} =$

齿顶高 $h_a = h_a^* m = m =$

分度圆公称弦齿高：$\bar{h} = m\left[1 + \dfrac{z}{2}\left(1 - \cos\dfrac{90°}{z}\right)\right] =$

分度圆公称弦齿高修正值：$\bar{h}' = \bar{h} + \dfrac{1}{2}(d_{a实际} - d_a) =$

分度圆公称弦齿厚：$\bar{s} = mz\sin\dfrac{90°}{z} =$

齿厚公差：_____

齿厚偏差计算公式：$E_{sn} = \bar{s}_{实际} - \bar{s}$

测　量　过　程　记　录

测量过程简述：

测　量　数　据　记　录

测量次数				
实际齿厚 $\bar{s}_{实际}$ 读数				
齿厚偏差 E_{sn}				

结论	
	年　　月　　日

21

实验二十二　齿轮公法线长度偏差的测量

仪器量具名称：_____	仪表分度值：_____

仪器测量范围：_____

被测齿轮参数：$z =$_____，$m =$_____，$\alpha =$_____精度等级：_____

跨齿数 $k = \dfrac{z}{9} + 0.5 =$

公称公法线长度 $W_k = m[1.476(2k-1) + 0.014z] =$

公法线长度公差：_____

公法线长度偏差：$E_w = W_k' - W_k =$

测 量 过 程 记 录

测量过程简述：

测 量 数 据 记 录

序号	读数值(实际值)	偏差	序号	读数值(实际值)	偏差

结论	公法线长度偏差 $E_w =$

年　　月　　日

实验二十三　齿轮径向跳动公差的测量

仪器量具名称：_____　　仪表分度值：_____

测量棒直径 $d = 1.68\ m$ =_____

被测齿轮参数：z =_____，m =_____，α =_____　精度等级：_____

齿轮齿圈径向跳动公差 F_r =_____

齿轮的径向跳动量：$\Delta F_r = \Delta_{max} - \Delta_{min}$

测　量　过　程　记　录

测量过程简述：

测　量　数　据　记　录

序号	百分表读数/格	序号	百分表读数/格	序号	百分表读数/格	序号	百分表读数/格

结论	齿轮的径向跳动量 F_r =

年　　月　　日

实验二十四　三坐标测量机测量零件的曲线轮廓尺寸

仪器量具名称：＿＿＿＿＿＿＿＿＿＿＿　型号：＿＿＿＿＿＿＿＿＿＿＿

仪表分度值：＿＿＿＿＿＿＿＿＿＿＿　仪器测量范围：＿＿＿＿＿＿＿＿＿＿

被测零件名称：＿＿＿＿＿＿＿＿＿＿　基本尺寸：＿＿＿＿＿＿＿＿＿＿＿

测 量 过 程 记 录

测量过程简述：

思 考 题

1. 三坐标测量机的测量原理是什么？

2. 为什么测量机开机时首先要回机器零点？

3. 三坐标测量机的操作步骤是什么？

4. 三坐标测量机与三坐标数控铣床(镗床)有何区别？

5. 三坐标测量机的测头校验为何很重要？

6. 如何建立零件坐标系？